绿色食品
绿色防控技术指南（二）

◎ 张志华　张　宪　主编

中国农业科学技术出版社

图书在版编目（CIP）数据

绿色食品绿色防控技术指南. 二 / 张志华，张宪主编. -- 北京：中国农业科学技术出版社，2025. 2.
ISBN 978-7-5116-7232-2

Ⅰ. S435-62

中国国家版本馆 CIP 数据核字第 20250DW080 号

责任编辑	史咏竹
责任校对	马广洋
责任印制	姜义伟　王思文
出 版 者	中国农业科学技术出版社
	北京市中关村南大街12号　邮编：100081
电　　话	（010）82105169（编辑室）　（010）82106624（发行部）
	（010）82109709（读者服务部）
网　　址	https://castp.caas.cn
经 销 者	各地新华书店
印 刷 者	北京地大彩印有限公司
开　　本	148 mm×210 mm　1/32
印　　张	11.25
字　　数	273千字
版　　次	2025年2月第1版　2025年2月第1次印刷
定　　价	68.00元

版权所有·侵权必究

《绿色食品绿色防控技术指南（二）》编委会

主　　编　张志华　张　宪
技术主编　马　雪　乔春楠
副 主 编　宋　晓　刘艳辉

主要编撰人员（按姓氏笔画排序）

丁　铭	王　宏	王　康	王少丽	王永波
王继美	毛品宇	卞立平	方金豹	石延霞
卢海燕	史彩华	刘　旭	刘冰江	刘莲莲
刘富中	齐秀娟	闫贝琪	孙晓明	孙淑琴
孙雷明	苏晓霞	李　磊	李学贤	李宝聚
李梦雨	李婷婷	杨红星	杨晓凤	杨斌华
吴青君	邱常青	何　鑫	张　映	张友军
张凤娇	张尚法	张绍智	陈小龙	陈罗明
陈钰辉	林　媚	郑　雪	孟凡相	赵志坚
赵林萍	胡桂仙	茹水江	钟　静	侯　雪
贾松涛	柴阿丽	徐　伟	高美静	郭永泽
陶　燕	黄振东	黄继勇	屠赞梅	舒金帅
谢学文	蒲占湑	赖爱萍	樊恒明	

CONTENTS | 目 录

绿色食品 葱 绿色防控技术指南 1

绿色食品 蒜 绿色防控技术指南 19

绿色食品 西蓝花 绿色防控技术指南 33

绿色食品 甘蓝 绿色防控技术指南 51

绿色食品 茄子 绿色防控技术指南 73

绿色食品 猕猴桃 绿色防控技术指南 91

绿色食品 脐橙 绿色防控技术指南 105

绿色食品 宽皮柑橘 绿色防控技术指南 135

绿色食品 茭白 绿色防控技术指南 159

绿色食品 梨 绿色防控技术指南 171

绿色食品 桃 绿色防控技术指南 191

绿色食品 柠檬 绿色防控技术指南 ………………………………………… 211

绿色食品 人参果 绿色防控技术指南 ……………………………………… 243

绿色食品 苹果 绿色防控技术指南 ………………………………………… 257

绿色食品 小麦 绿色防控技术指南 ………………………………………… 271

绿色食品 山药 绿色防控技术指南 ………………………………………… 309

绿色食品 玉米 绿色防控技术指南 ………………………………………… 323

绿色食品 葱 绿色防控技术指南

张友军[1] 王少丽[1] 吴青君[1] 史彩华[2] 刘冰江[3]
（1.中国农业科学院蔬菜花卉研究所；2.湖北文理学院；
3.山东省农业科学院蔬菜研究所）

1 生产概况

葱为百合科葱属的多年生草本植物，有大葱、小葱、洋葱等，是一类具有特殊香辛味道的鳞茎类蔬菜，其叶鞘和鳞茎可供鲜食，还可腌制或充当调料等。葱在我国蔬菜生产中占有极其重要的地位，其种植面积占蔬菜总播种面积的10%，产量占总产量的7%。我国大葱的种植面积约860万亩，主要分布在山东、河南、河北（此三省种植面积占总种植面积的40%以上）以及安徽、江苏、辽宁、黑龙江、山西等省份。大葱以露地种植为主，也可大棚设施栽培。目前，葱在生产过程中存在许多不容忽视的病虫害，其中重大病害7种、重要虫害7种（类），也有多种草害发生。目前仍存在重大病虫草害绿色防控技术不完善或防治效果不理想等问题，影响了葱的产量和品质，故制定其病虫草害绿色防控技术指南如下。

2 常见病虫草害

2.1 病害

紫斑病（病原为葱链格孢菌）、锈病（病原为葱柄锈菌）、霜霉病（病原为葱霜霉菌）、软腐病（主要病原为软腐果胶杆菌）、疫病（病原为烟草疫霉菌）、灰霉病（病原为葱鳞葡萄孢菌）、根腐病（为腐霉、疫霉等病原混合侵染）。

2.2 虫害

葱蓟马、甜菜夜蛾、葱蚜、斑潜蝇、葱蝇、蛴螬（金龟子幼虫）、小地老虎等。

2.3 草害

稗草、马齿苋、马唐、牛筋草、打碗花、灰灰菜和野苋菜等。

3 防治原则

按照"预防为主、综合防治"的植保原则，做好田间精细管理，采用农业措施、理化诱控、生物防治以及科学合理的化学防治相结合的绿色综合防控技术，以达到绿色安全生产的目的。

4 农业防治

4.1 抗性品种

结合各地实际情况，因地制宜选择抗病虫、抗逆性强、商品性优良的葱品种，这也是绿色防控中最为经济有效的病虫害防控措施。如抗大葱紫斑病、霜霉病的青杂2号、辽葱7号、辽葱11号和辽葱12号等，抗大葱锈病的章丘1号、五叶长白501号和五叶长白502号等。在单一品种普遍种植的地区，也可试验引进种植其他品种。

4.2 种子处理

选择发芽率高的新种子，在播种前把种子用50℃的温水浸泡30分钟，待种子冷却后晾干播种；或将种子放在0.2%的高锰酸钾溶液中搅匀，20~30分钟后捞出，晾干后播种。

4.3 田园管控

4.3.1 定植健苗

播种前应首先对棚室和土壤进行消毒灭菌处理。大葱育苗的苗床土壤宜选择具有较多的有机质、疏松透气的沙质土壤，减少根腐病的发生。采用穴盘育苗时，配制基质的有机肥必须充分腐熟，播种后可在穴盘表面撒一层厚度为1厘米左右的草木灰，以减少种蝇成虫产卵。育苗床宜浇小水。

定植前葱苗叶面喷施铜制剂等保护性药剂，并采用70%吡虫啉水分散粒剂等药剂按照推荐用量稀释后，将整盘苗的穴盘部分放在药液里浸泡至基质湿润，预防部分苗期病虫害。同时，注意剔除弱苗、带病虫苗，选择健壮葱苗进行移栽。定植时每亩[①]可施农家肥2000~3000千克，同时撒施复合肥50~100千克，施用的农家肥应充分腐熟。

---

① 1亩≈667米^2，全书同。

4.3.2 田园清洁

定植后做好田间监测，在发病前或发病初期及时摘除老叶、病叶，拔除病株；及时人工清除虫卵、摘除病虫叶等，减少菌源和虫源；田间发现病株、死棵等要及时拔除，带出田外集中深埋、腐熟沤肥或销毁；夏季和秋季要及时拔除田间及周边杂草；收获后及时彻底清除田里的枯枝落叶、病残体、杂草等，并集中处理；冬季大葱收获后对葱田进行深翻，以减少下茬作物的病虫基数。

4.3.3 培土浇水

葱生长期内，多次向假茎培土，培土宜在上午 10 时后露水已干、土壤凉爽时进行，否则易引起假茎腐烂。大葱培土前，可随水冲施适宜的微生物菌肥，增加土壤中有益菌的数量，抑制病原菌侵染。葱田管理过程中应保持土壤见干见湿，不能产生积水；生长旺盛期增加浇水次数，每次都要浇透，保持土壤湿润。露地栽培应注意大雨过后及时排水，避免葱沟积水。土壤湿度较高时，浅中耕散墒，减少霜霉病、疫病、根腐病等病害的发生。多雨地区推荐垄栽和高畦栽培。

4.4 合理轮作

与非百合科作物（如小麦、玉米等禾本科粮食作物，以及黄瓜、大白菜等蔬菜）实行 3 年以上轮作，或者水旱轮作，以降低葱根腐病等重茬病害的发生程度。

5 理化诱控

5.1 杀虫灯诱杀

葱移栽缓苗后，在连片种植的露地可悬挂频振式杀虫灯或黑光灯，每1~2公顷挂1盏灯，杀虫灯安装高度以距离地面1.0~1.5米为宜，诱杀金龟子、小地老虎和甜菜夜蛾等。注意及时用毛刷清理灯上的虫垢，将袋内虫体深埋或用作饲料。

5.2 防虫网阻隔

针对部分设施栽培田块，可在棚室的通风口处设置40~60筛目的防虫网，阻隔蚜虫、斑潜蝇、甜菜夜蛾等的成虫迁入棚室内产卵为害。

5.3 粘虫板诱杀

设施栽培中，在葱移栽缓苗后，每亩可交叉悬挂黄色和蓝色粘虫板（20厘米×30厘米）40块左右，以监测和诱杀蚜虫、蓟马及蝇类。粘虫板底部距离葱植株顶部10~20厘米处为宜。粘虫板上粘满害虫或失去黏性时及时更换。其间如果需要释放寄生蜂类的天敌昆虫，应在释放前摘除粘虫板。

5.4 糖醋液诱杀

葱移栽缓苗后，田间放置糖醋液（糖∶醋∶酒∶水＝3∶3∶1∶10），诱杀小地老虎成虫、甜菜夜蛾、金龟子及种蝇等，根据诱虫数量及时清理虫体，并添加诱杀液。

6 生物防治

6.1 保护利用天敌生物

棚室栽培中，蚜虫为主要害虫的田块可释放瓢虫、食蚜蝇、食蚜瘿蚊、小花蝽、草蛉等天敌进行防治；蓟马为主要害虫的设施棚可释放胡瓜新小绥螨、巴氏新小绥螨、东亚小花蝽等天敌进行防治。同时，合理施药以尽量减少对自然天敌的影响；释放天敌后，不施或施用对天敌友好的药剂。

6.2 性诱剂诱杀

甜菜夜蛾、小地老虎等害虫的成虫发生初期，在露地葱田设置特异性的性诱剂诱杀雄虫，降低雌虫找到配偶的概率，以减少雌虫在田间的落卵量，从而减少幼虫数量。诱捕器放置高度距地面 100～150 厘米，诱捕器设置的密度及诱芯更换时间参考产品说明书。

6.3 生物药剂防控

葱紫斑病发生初期，每亩采用 10% 多抗霉素可湿性粉剂 22.5～30 克进行叶面喷雾防治，可兼治葱灰霉病、根腐病等；甜菜夜蛾低龄幼虫发生期，可选择 32000 IU/毫克的苏云金杆菌可湿性粉剂 37.5～50 克/亩或 0.5% 苦参碱水剂 80～90 毫升/亩喷雾防治，苦参碱也可兼治葱蚜、种蝇等。

7 化学防治

在必要情况下，根据病虫害预测预报进行应急性的化学防治。应选择已在葱上登记且绿色食品允许使用的农药品种，按农药标签使用，注意轮换用药，并严格遵守农药安全间隔期规定。具体以中国农药信息网（www.icama.org.cn/）登记的信息为准。

7.1 葱病害

葱病害的化学防控应在做好田间监测的基础上，将病害发生前预防和发病初期防治的措施相结合。化学药剂中可添加有机硅等农用喷雾助剂,以提升防治效果,降低用药量。

7.1.1 紫斑病

葱紫斑病发病初期,可采用25%吡唑醚菌酯悬浮剂24～40毫升/亩、60%苯醚甲环唑水分散粒剂10～13克/亩或43%氟菌·肟菌酯悬浮剂20～30毫升/亩等喷雾防治,轮换施用。上述药剂每季最多使用2次,严格把控施药后至收获期的安全间隔。

7.1.2 锈病

葱锈病发生前或初见零星病斑时,及时采用30%醚菌酯可湿性粉剂15～30克/亩或75%戊唑·嘧菌酯水分散粒剂10～15克/亩叶面喷雾防治。两种药剂的安全间隔期为14天,每季使用不超过3次。

7.1.3 霜霉病

葱霜霉病发病前或发病初期,采用25%吡唑醚菌酯悬浮剂24～40毫升/亩、50%烯酰吗啉可湿性粉剂30～50克/亩或39%精甲·嘧菌酯悬浮剂30～60毫升/亩喷雾防治。安全间隔期为14天,每季使用不超过2次。

7.1.4 软腐病

葱软腐病发病前或发病初期采用20%噻唑锌悬浮剂125～150毫升/亩叶面喷雾。该药剂安全间隔期为7天,每季最多使用3次。

7.1.5 疫病

葱疫病发生初期采25%吡唑醚菌酯悬浮剂20～40克/亩或687.5克/升氟菌·霜霉威悬浮剂80～100毫升/亩喷雾防治,每季最多使用2～3次。

7.1.6 灰霉病

葱灰霉病可采用25%吡唑醚菌酯悬浮剂进行防控，具体用量参考葱紫斑病的防控。

7.2 葱虫害

虫害防控应做好田间监测，抓住虫害发生初期或为害虫态的低龄期及时施药防治。防治药剂中可适当添加农用喷雾助剂，以提升防治效果。

7.2.1 葱蓟马

葱蓟马发生初期，及时选用10%溴氰虫酰胺可分散油悬浮剂18～24毫升/亩、25%噻虫嗪水分散粒剂10～20克/亩、240克/升虫螨腈悬浮剂15～20毫升/亩、50%啶虫脒水分散粒剂5～7.5克/亩、70%吡虫啉水分散粒剂4.5～6克/亩或20%虫螨腈·氟啶虫酰胺悬浮剂20～30毫升/亩全株均匀喷雾。葱蓟马活动性强，施药时可适当添加蓟马引诱剂。注意轮换用药。上述药剂中溴氰虫酰胺每季最多使用3次，其他药剂每季最多使用1次。

7.2.2 甜菜夜蛾

抓住甜菜夜蛾的低龄幼虫期或卵孵化盛期，选择10%溴氰虫酰胺可分散油悬浮剂10～18毫升/亩、15%茚虫威悬浮剂15～20毫升/亩、5%甲氨基阿维菌素苯甲酸盐微乳剂2～3毫升/亩、20%甲氧虫酰肼·虱螨脲悬浮剂10～20毫升/亩或34%乙多·甲氧虫悬浮剂20～24毫升/亩，喷雾防治。上述药剂溴氰虫酰胺每季最多使用3次，乙多·甲氧虫每季最多使用2次，其他药剂每季最多使用1次。

7.2.3 葱蚜

葱蚜发生初期，可选择70%吡虫啉水分散粒剂、50%啶虫脒水分散粒剂、25%噻虫嗪水分散粒剂或10%溴氰虫酰胺可分散油悬浮剂进行茎叶喷雾，使用剂量参考葱蓟马防控用量。蚜虫繁殖快速，化学防治应抓住点片发生阶段，及时进行局部轮换施药，控制蔓延。

7.2.4 斑潜蝇

葱斑潜蝇化学防控应抓住低龄幼虫发生初期（即虫道开始出现时），采用30%灭蝇胺可湿性粉剂33～50克/亩或10%溴氰虫酰胺可分散油悬浮剂14～24毫升/亩等喷雾防治。灭蝇胺每季最多使用1次，溴氰虫酰胺每季最多使用3次。

7.2.5 葱蝇

育苗期发现有葱蝇时，可选择25%噻虫嗪水分散粒剂180～240克/亩、70%吡虫啉水分散粒剂29～43克/亩或30%灭蝇胺可湿性粉剂200～300克/亩等稀释成1000～2000倍液，装入水槽中，将带苗的穴盘浸入水槽3～5秒，或用稀释后的药液喷淋幼苗基部；成虫产卵期则及时进行喷雾防治，药剂种类和用量参考葱斑潜蝇防控用药。

7.3 葱草害

葱播后苗前或育苗移栽前，采用960克/升精异丙甲草胺乳油52.5～65毫升/亩，兑水后对土壤表面进行土壤封闭除草，防除一年生禾本科杂草及部分阔叶杂草，如稗草、马唐、牛筋草、苋等；或在洋葱移栽前1～2天，采用330克/升二甲戊灵乳油150～200毫升/亩，每亩兑水40～45千克，均匀喷雾施药做土壤封闭处理一次,防除稗草、马唐、马齿苋等;或在葱出苗后,在一年生禾本科杂草3～5叶期,采用10%精喹禾灵乳油30～40毫升/亩进行茎叶处理,按照登记用量兑水15～30升均匀喷雾,早晚施药,应确保施药后2小时内无雨。

附录 A 葱主要病虫草害及其为害症状

葱主要病虫草害及其为害症状如图所示。

葱紫斑病

葱锈病

葱疫病

葱灰霉病

葱霜霉病

葱软腐病

葱蓟马成虫（左）及其在葱叶上为害状（右）

甜菜夜蛾幼虫在葱管上（左）及葱管内为害状（右）

葱蚜群集为害状

斑潜蝇为害状

马齿苋

打碗花

灰灰菜

马唐

野苋菜　　　　　　　　　　　牛筋草

附录B 葱主要病虫草害防治推荐农药使用方案

可用于防治葱病虫草害的部分药剂及其使用方法详见下表。

葱主要病虫草害防治推荐农药使用方案

防治对象	防治时期	农药名称	使用剂量	施药方法	安全间隔期（天）
紫斑病（大葱）	发病初期	10%多抗霉素可湿性粉剂	22.5～30克/亩	喷雾	14
		25%吡唑醚菌酯悬浮剂	24～40毫升/亩	喷雾	14
		60%苯醚甲环唑水分散粒剂	10～13克/亩	喷雾	21
紫斑病（洋葱）	发病初期	43%氟菌·肟菌酯悬浮剂	20～30毫升/亩	喷雾	14
锈病（小葱）	发病前或发病初期	30%醚菌酯可湿性粉剂	15～30克/亩	喷雾	14
锈病（葱/洋葱）	发病前或发病初期	75%戊唑·嘧菌酯水分散粒剂	10～15克/亩	喷雾	14
霜霉病（大葱）	发病初期	25%吡唑醚菌酯悬浮剂	24～40毫升/亩	喷雾	14
	发病前或发病初期	50%烯酰吗啉可湿性粉剂	30～50克/亩	喷雾	14

（续表）

防治对象	防治时期	农药名称	使用剂量	施药方法	安全间隔期（天）
霜霉病（葱）	发病前或发病初期	39%精甲·嘧菌酯悬浮剂	30～60毫升/亩	喷雾	7
软腐病（小葱）	发病前或发病初期	20%噻唑锌悬浮剂	125～150毫升/亩	喷雾	7
疫病（葱）	发病初期	25%吡唑醚菌酯悬浮剂	20～40克/亩	喷雾	21
疫病（洋葱）	发病初期	687.5克/升氟菌·霜霉威悬浮剂	80～100毫升/亩	喷雾	14
甜菜夜蛾（大葱）	卵孵化盛期	10%溴氰虫酰胺可分散油悬浮剂	10～18毫升/亩	喷雾	3
甜菜夜蛾（大葱）	卵孵化盛期至低龄幼虫发生始盛期	20%甲氧虫酰肼·虱螨脲悬浮剂	10～20毫升/亩	喷雾	10
甜菜夜蛾（大葱）	卵孵化盛期至低龄幼虫期	5%甲氨基阿维菌素苯甲酸盐微乳剂	2～3毫升/亩	喷雾	14
甜菜夜蛾（大葱）	卵孵化盛期至低龄幼虫期	34%乙多·甲氧虫悬浮剂	20～24毫升/亩	喷雾	14
甜菜夜蛾（大葱）	低龄幼虫期	32000 IU/毫克苏云金杆菌可湿性粉剂	37.5～50克/亩	喷雾	
甜菜夜蛾（大葱）	低龄幼虫期	0.5%苦参碱水剂	80～90毫升/亩	喷雾	10
甜菜夜蛾（大葱）	低龄幼虫期	15%茚虫威悬浮剂	15～20毫升/亩	喷雾	
蓟马（大葱）	发生初期	10%溴氰虫酰胺可分散油悬浮剂	18～24毫升/亩	喷雾	3

（续表）

防治对象	防治时期	农药名称	使用剂量	施药方法	安全间隔期（天）
蓟马（大葱）	发生初期	25%噻虫嗪水分散粒剂	10~20克/亩	喷雾	10
	发生初期	240克/升虫螨腈悬浮剂	15~20毫升/亩	喷雾	10
	发生初期	50%啶虫脒水分散粒剂	5~7.5克/亩	喷雾	10
	始盛期	70%吡虫啉水分散粒剂	4.5~6克/亩	喷雾	7
	卵孵高峰期至若虫期	20%虫螨腈·氟啶虫酰胺悬浮剂	20~30毫升/亩	喷雾	5
斑潜蝇（大葱）	发生初期	30%灭蝇胺可湿性粉剂	33~50克/亩	喷雾	14
	低龄幼虫发生初期	10%溴氰虫酰胺可分散油悬浮剂	14~24毫升/亩	喷雾	3
一年生禾本科杂草（小葱田）	3~5叶期	10%精喹禾灵乳油	30~40毫升/亩	茎叶喷雾	
一年生杂草（洋葱田）	播后苗前	330克/升二甲戊灵乳油	150~200毫升/亩	土壤喷雾	
一年生禾本科杂草及部分阔叶杂草（洋葱田）	播后苗前	960克/升精异丙甲草胺乳油	52.5~65毫升/亩	土壤喷雾	

注：农药使用以最新版本 NY/T 393《绿色食品 农药使用准则》的规定和农药登记信息为准。

绿色食品 蒜 绿色防控技术指南

张友军[1] 王少丽[1] 吴青君[1] 史彩华[2] 刘冰江[3]
（1.中国农业科学院蔬菜花卉研究所；2.湖北文理学院；
3.山东省农业科学院蔬菜研究所）

1 生产概况

蒜为百合科葱属的多年生草本植物，是一种不可或缺的调味品，同时也是药食同源的植物，具有营养和保健功效。我国蒜的种植面积约为1013万亩，其中，山东、河南、江苏的种植面积分别超过300万亩、200万亩和100万亩，其他种植区主要分布在河北、云南、四川等省份，云南独头蒜种植面积接近50万亩。蒜以露地种植为主，也有极少量的设施栽培。蒜在生产过程中有多种不容忽视的病虫害，其中重大病害6种（类），重要虫害2种（类），此外，还有多种不同种类的杂草造成为害。目前生产上仍存在重大病虫草害绿色防控技术不完善、防控效果不理想，以及药剂使用不科学等问题，严重影响了蒜的种植效益，故制定其病虫草害绿色防控技术指南如下。

2 常见病虫草害

2.1 病害

锈病（病原为葱柄锈菌）、叶枯病（病原为枯叶格孢腔菌、匍柄霉菌）、灰霉病（病原为葱鳞葡萄孢菌）、根腐病（病原包括尖孢镰孢菌、腐皮镰孢菌、芳香镰孢菌、木贼镰孢菌等）、紫斑病（病原为葱链格孢菌）、病毒病（包括韭葱黄条病毒、洋葱螨传潜隐病毒和洋葱黄矮病毒等）。

2.2 虫害

葱蓟马、根蛆（韭菜迟眼蕈蚊、葱地种蝇和灰地种蝇等的幼虫）。

2.3 草害

荠菜、婆婆纳、看麦娘、猪殃殃、莎草、牛筋草等。

3 防治原则

按照"预防为主、综合防治"的植保原则，做好田间精细管理，采用农业措施、物理防控、生物防治以及科学合理的化学防治相结合的绿色综合防控技术体系，实现蒜的绿色安全生产。

4 农业防治

4.1 抗性品种

结合各地实际情况，因地制宜选择抗病虫、抗逆性强、高产优质的大蒜品种，如豫蒜一号、豫蒜二号、鲁蒜、金乡紫皮、苍山大蒜、邳州白蒜、大青棵等。另外，紫皮蒜通常对锈病抗性较强。

4.2 种子处理

选择健康、整齐、饱满、无损伤、无霉烂的蒜瓣作为蒜种，也可选择脱毒蒜种，以减少后期病毒病发生。在栽植前用24%苯醚·咯·噻虫悬浮种衣剂按照推荐用量（2～2.5毫升/千克蒜种），量取种衣剂兑水25～30克搅拌后，与适量蒜种混合均匀，晾干后播种，预防土传病害。

4.3 田园管控

4.3.1 健身栽培

前茬作物收获后深翻（至少30厘米）土地并晒垡。秋播大蒜栽种前，每亩施用腐熟的有机肥2000千克、生物菌肥3千克、氮磷钾三元复合肥50千克作为基肥；返青期每亩追施尿素15千克；鳞芽分化期每亩追施复合肥20千克。若施用农家肥，也要经过充分腐熟，以减少根蛆类害虫产卵。播种时，要确保种植的密度适中，每亩种植约3.3万株，不可过密。

4.3.2 田园清洁

加强田间管理，对出现病斑的植株，应及时清理病叶或连根拔除，避免造成更大面积的发病。大蒜病株和其他病残体，应进行无害化处理。大蒜收获后，要及时清除田间杂草、枯枝落叶和病残体，并集中处理，破坏害虫越冬场所，以减少病虫基数。播种至出苗前可以人工或用除草剂除草，蒜幼苗生长期要及时中耕除草。

4.3.3 水肥管理

适时浇水增加土壤湿度，不宜大水漫灌，以提高植株的抗病性；降水量过大时，要及时进行田间排水。采取配方施肥，控制氮肥的施用量（每亩施用量不超过45千克），避免蒜徒长或加重病害。

4.4 合理轮作

避免与百合科作物重茬种植。宜选用小麦、玉米、大豆等非百合科作物进行3年以上的轮作；有条件的地区可与水稻进行水旱轮作，改善土壤理化性状，改变病虫害生存条件，以减少病虫害发生。

5 物理防控

5.1 高温覆膜

大蒜播种前，选择阳光强烈的晴好天气，在地表铺上一层透光性好、膜上不起水雾的无滴膜覆盖土壤表面，膜的大小超出田块边缘40～50厘米，四周用土壤压盖严实，覆膜1周（若天气阴或温度低可延长覆膜时间）后揭膜待种植，可显著降低土壤中原有病虫基数。

5.2 地膜覆盖

为缩短生育期，提早收获期，蒜瓣播种完成后盖土，再覆盖地膜，四周拉紧，确保地膜与地表充分接触，可提高地温、保墒，减少浇水次数，预防杂草生长，还可防止病菌借雨水、浇水及畦灌传播。

5.3 粘虫板诱杀

设施栽培的大蒜苗期，每亩可交叉悬挂黄色和蓝色粘虫板（20厘米×30厘米）40块左右，以监测和诱杀根蛆和蓟马成虫。粘虫板悬挂高度以板底部距离大蒜植株顶部10～20厘米为宜。迟眼蕈蚊为主要害虫的田块可悬挂黑色粘虫板。粘虫板上粘满害虫或失去黏性应及时进行更换。

5.4 糖醋液诱杀

田间放置糖醋液（糖∶醋∶酒∶水=3∶3∶1∶10），诱杀根蛆成虫及部分地下害虫的成虫，及时清理虫体，并添加诱杀液。

6 生物防治

6.1 保护利用天敌

大蒜田蓟马为害时，可选择释放胡瓜新小绥螨、巴氏新小绥螨、东亚小花蝽等进行防控。昆虫病原线虫可用于防控根蛆类害虫，选择阴雨天气或早晚阳光较弱时施用。春秋季节地温为15～25℃时，每亩投放约1.0亿条昆虫病原线虫。释放昆虫病原线虫时，先将其混入100升水中配成母液，喷淋在大蒜根部，再对整个田块进行灌溉，根蛆幼虫数量大时可增施1～2次。释放天敌后，尽量不使用化学药剂，以免杀伤天敌。

6.2 生物药剂防控

采用10%多抗霉素可湿性粉剂500～750倍液，蒜薹入库时浸蘸薹梢1次，以防控蒜薹叶枯病。

7 化学防治

在必要情况下，根据病虫害预测预报进行应急性的化学防治。应选择已在蒜上登记且绿色食品允许使用的农药品种，按农药标签使用，注意轮换用药，并严格遵守农药安全间隔期规定。具体以中国农药信息网（www.icama.org.cn/）登记的信息为准。

7.1 蒜病害

蒜病害的化学防控应在做好田间监测的基础上，将发病前的预防措施与发病初期的防治措施相结合。

7.1.1 锈病

蒜锈病发病前或初见零星病斑时，及时采用 325 克/升苯甲·嘧菌酯悬浮剂 20～40 毫升/亩或 75% 戊唑·嘧菌酯水分散粒剂 10～15 克/亩，进行叶面喷雾防治，施药间隔期 7～10 天。两种药剂的安全间隔期均为 14 天，每季使用不超过 2 次。

7.1.2 叶枯病

蒜叶枯病发病前或发病初期，采用 10% 苯醚甲环唑水分散粒剂 30～60 克/亩、75% 肟菌·戊唑醇水分散粒剂 10～20 克/亩或 60% 唑醚·代森联水分散粒剂 60～100 克/亩等进行叶面喷雾防控。上述药剂每季最多使用 3 次。

蒜薹入库进入贮藏期时，采用 60% 苯醚甲环唑水分散粒剂 6000～12000 倍液浸蘸薹梢 1 次。

7.1.3 灰霉病

防治蒜薹灰霉病时，可选择 40% 嘧霉胺悬浮剂 500～1000 倍液或 25% 吡唑醚菌酯悬浮剂 1000～2000 倍对蒜薹浸梢处理，晾干后用聚乙烯袋密封包装，放置于低温环境。或采用3%噻菌灵烟剂，于蒜薹入库后降至贮藏温度时，按7.5～10克/米^{3}的剂量点燃使用，隔一段距离多点放置药剂，尽量放置在离地面较近的地方密闭熏蒸12～24小时。点燃后迅速离开熏烟地点，待烟雾散去后，方可进入库房操作。上述药剂每批次产品最多使用1次。

7.1.4 根腐病

按照播种量，量取推荐用量（2～2.5毫升/千克蒜种）的24%苯醚·咯·噻虫悬浮种衣剂，加入适量水稀释并搅拌均匀成药浆，再与种子充分混合均匀，晾干后播种。该方法可同时预防其他土传病害，还可兼治大蒜根蛆。

7.1.5 紫斑病

蒜紫斑病发生初期，可采用25%吡唑醚菌酯悬浮剂24～40毫升/亩或60%苯醚甲环唑水分散粒剂10～13克/亩进行喷雾防治，轮换施用。

7.1.6 病毒病

蓟马、蚜虫是部分蒜病毒病的传播媒介，故病毒病防控应首先采用综合措施控制害虫发生，应急药剂可参考下述蓟马的防控用药。

7.2 蒜虫害

虫害防控应做好田间监测，抓住虫害发生初期及时施药防治。

7.2.1 葱蓟马

葱蓟马发生初期，可选用25%噻虫嗪水分散粒剂10～20克/亩进行全株均匀喷雾。

7.2.2 根蛆

以往根蛆发生较重的地块，可在蒜播种前整地覆膜，再在膜下采用99%硫酰氟气体制剂（75～100克/米^2）熏蒸土壤7～15天，揭膜通风15天后种植。

蒜播种前，按推荐剂量取24%苯醚·咯·噻虫悬浮种衣剂（2～2.5毫升/千克蒜种）兑水25～30克，与适量蒜种混合均匀，晾干后播种。该方法防控根蛆的同时也能兼治大蒜根腐病。

田间大蒜有少量黄叶尖，或根蛆发生初期，采用25%噻虫嗪水分散粒剂180～360克/亩或5%氟铃脲乳油450～600毫升/亩喷淋根部1次；也可采用70%辛硫磷乳油351～560毫升/亩，稀释后将药液均匀灌施于大蒜鳞茎周围。每季最多使用1次。

7.3 蒜草害

蒜播后苗前进行土壤喷雾处理，可选择240克/升乙氧氟草醚乳油40～50毫升/亩、33%二甲戊灵乳油140～180毫升/亩、960克/升精异丙甲草胺乳油50～65毫升/亩、34%氧氟·甲戊灵乳油73.5～100毫升/亩、35%丙炔噁草酮·二甲戊灵乳油60～80毫升/亩或45%丙炔氟草胺·二甲戊灵微囊悬浮—悬浮剂80～120毫升/亩，兑水30～45千克后对土壤表面进行土壤封闭除草，防除一年生杂草及部分阔叶杂草。上述药剂每季最多使用1次。

附录 A 蒜主要病虫草害及其为害症状

蒜主要病虫草害及其为害症状如图所示。

蒜紫斑病

蒜叶枯病

蒜锈病

蒜灰霉病

蒜根腐病

蒜病毒病

葱蓟马成虫（左）及其在蒜叶上为害状（右）

根蛆（左）及其在蒜头上为害状（右）

荠菜　　　　　　　　　　　　牛筋草

婆婆纳　　　　　　　　　　　猪殃殃

附录 B　蒜主要病虫草害防治推荐农药使用方案

可用于防治蒜病虫草害的部分药剂及其使用方法详见下表。

蒜主要病虫草害防治推荐农药使用方案

防治对象	防治时期	农药名称	使用剂量	施药方法	安全间隔期（天）
叶枯病	蒜薹入库前	10%多抗霉素可湿性粉剂	500～750倍液	浸梢	90
		60%苯醚甲环唑水分散粒剂	6000～12000倍液	浸梢	90
	发病前或发病初期	10%苯醚甲环唑水分散粒剂	30～60克/亩	喷雾	10
		75%肟菌·戊唑醇水分散粒剂	10～20克/亩	喷雾	10
		60%唑醚·代森联水分散粒剂	60～100克/亩	喷雾	21
锈病	发病前或发病初期	325克/升苯甲·嘧菌酯悬浮剂	20～40毫升/亩	喷雾	14
		75%戊唑·嘧菌酯水分散粒剂	10～15克/亩	喷雾	14

（续表）

防治对象	防治时期	农药名称	使用剂量	施药方法	安全间隔期（天）
灰霉病	蒜薹入库前	40%嘧霉胺悬浮剂	500~1000倍液	浸梢	90
		25%吡唑醚菌酯悬浮剂	1000~2000倍液	浸梢	90
		3%噻菌灵烟剂	7.5~10克/米³	仓储点燃放烟	10
根腐病	播种前	24%苯醚·咯·噻虫悬浮种衣剂	2~2.5毫升/千克蒜种	种子包衣	
根蛆	播种前	24%苯醚·咯·噻虫悬浮种衣剂	2~2.5毫升/千克蒜种	种子包衣	
		99%硫酰氟气体制剂	75~100克/米²	土壤熏蒸	
	发生初期	25%噻虫嗪水分散粒剂	180~360克/亩	喷淋	青蒜、蒜薹：10；大蒜：收获期
		5%氟铃脲乳油	450~600毫升/亩	灌根	青蒜、蒜薹：10；大蒜：收获期
		70%辛硫磷乳油	351~560毫升/亩	灌根	14

防治对象	防治时期	农药名称	使用剂量	施药方法	安全间隔期（天）
一年生杂草	播后苗前	240克/升乙氧氟草醚乳油	40～50毫升/亩	土壤喷雾	
		33%二甲戊灵乳油	140～180毫升/亩	土壤喷雾	
		960克/升精异丙甲草胺乳油	50～65毫升/亩	土壤喷雾	
		35%丙炔噁草酮·二甲戊灵乳油	60～80毫升/亩	土壤喷雾	
		45%丙炔氟草胺·二甲戊灵微囊悬浮—悬浮剂	80～120毫升/亩	土壤喷雾	
	播种前	34%氧氟·甲戊灵乳油	73.5～100毫升/亩	土壤喷雾	

注：农药使用以最新版本NY/T 393《绿色食品 农药使用准则》的规定和农药登记信息为准。

绿色食品 西蓝花绿色防控技术指南

李宝聚[1] 谢学文[1] 李磊[1] 石延霞[1] 柴阿丽[1] 杨杰[2] 武军[3] 范腾飞[1]
(1.中国农业科学院蔬菜花卉研究所；2.西藏自治区农牧科学院蔬菜研究所；
3.浙江省农业科学院植物保护与微生物研究所)

1 生产概况

西蓝花（*Brassica oleracea* L.var. *italica*）学名青花菜，又名西兰花、绿菜花，属于十字花科芸薹属甘蓝类蔬菜变种之一，是一种国际性流行蔬菜，因其营养丰富被誉为"蔬菜皇冠"。西蓝花是我国重要的大宗蔬菜种类之一，在全国各地均有种植，主要集中在云南、河北、浙江、湖北、江苏、广东、山东等地，种植面积超过130万亩。随着种植面积的逐年增大，西蓝花绿色生产中尚存在一些突出问题，病虫害逐年加重，绿色防控技术及高效防控新技术未得到有效推广，影响了西蓝花的产品质量，针对西蓝花绿色防控技术需求，制定其病虫害绿色防控技术指南如下。

2 常见病虫草害

2.1 病害

黑斑病、霜霉病、软腐病、菌核病、灰霉病、立枯病、根肿病等。

2.2 虫害

小菜蛾、菜青虫、甜菜夜蛾、斜纹夜蛾、黄曲条跳甲、蚜虫（包括萝卜蚜、甘蓝蚜、桃蚜）。

2.3 草害

荠菜、婆婆纳、看麦娘、猪殃殃、早熟禾、野艾蒿、毛茛、马唐。

3 防治原则

按照"预防为主、综合防治"的植保原则，采用农业措施、物理防治、生物防治以及科学合理的化学防治相结合的绿色综合防控技术体系，实现西蓝花的绿色安全生产。

4 农业防治

4.1 抗性品种

选择抗病或耐病的西蓝花品种，有利于延缓或减轻病虫害的发生，也是生产中最经济有效的绿色防控措施。生产中抗黑腐病可以选择中青8号、中青16号、中青319、浙青80、福绿2号和苏青 2 号等品种，抗软腐病可以选择中青 16、中青 518、冷翠、碧盛、碧冠、苏青 8 号等品种。

4.2 种子处理

从无病田或无病株上采种。播前对种子进行消毒，用 50℃温水浸种 25 分钟或用 0.05% 的次氯酸钠溶液浸种 30 分钟以杀死种子表面携带的致病菌，或用药剂结合丸化粉材料对种子进行丸粒化处理，包衣剂应符合 NY/T 393《绿色食品 农药使用准则》的规定。

4.3 田园管控

4.3.1 健身栽培

定植前土壤须深翻暴晒，采用高垄栽培，实行膜下滴灌或喷灌，以利排水，防涝降湿，防止土壤黏重。适期播种，避免开花阶段与当地雨季相遇。增施底肥，及时追肥，发现病虫株及时拔除并带出农田深埋，以减少病虫传播，收获后及时清除病残体并深埋，减少越冬菌源。田间管理环节注意减少植株伤口，避免病菌传播。

4.3.2 田园清洁

前茬收获后，及时清洁田园。前茬西蓝花发病严重的田块及时将病残体清理出田外，采取臭氧或者其他发酵方式进行无害化处理，如果残体直接破碎还田需要配合使用土壤熏蒸剂或微生物熏蒸剂进行联合处理，熏蒸剂应符合 NY/T 393《绿色食品 农药使用准则》的规定。

种植前，土壤深翻细碎，夏季和秋季要及时清除田间和周边杂草，减少下茬作物的初侵染源。

4.4 合理轮作

避免与茄科、瓜类及其他十字花科蔬菜连作,可与豆类蔬菜及粮食作物轮作,能有效降低田间病原菌数量。

5 物理防治

5.1 合理使用防虫网

西蓝花属于冷凉蔬菜,小型害虫主要是蚜虫,其他害虫如小菜蛾、菜青虫、斜纹夜蛾、甜菜夜蛾、黄曲条跳甲等体形较大,建议使用29目防虫网,可以采用简易安装或者大棚架安装两种方式。犁地后晾地7天以上,促使田间害虫因饥饿迁走,晾地期间检查防虫网上是否有卵块,如有则及时摘除,定植后及时封闭防虫网,阻挡害虫迁入为害。

5.2 杀虫灯诱杀

利用甜菜夜蛾、斜纹夜蛾等鳞翅目害虫的趋光性,在田间安装黑光灯诱捕装置,通过光源外配置的高压击杀网电杀害虫。

5.3 悬挂粘虫板

田间每20米^{2}采取田间插竹棍悬挂的方式悬挂一个黄色粘虫板,粘虫板应高于西蓝花顶端10~15厘米。根据害虫发生情况及时增减数量,粘虫板上粘满害虫或失去黏性时及时进行更换。

5.4 电解杀菌水防治西蓝花病害技术

有条件的地方,可以使用电解水发生设备,制备电解杀菌水,防治霜霉病、黑斑病、灰霉病、菌核病、黑腐病等真菌和细菌病害。

6 生物防治

6.1 西蓝花病害

田间应用时可以使用登记在西蓝花和十字花科蔬菜上的微生物菌剂，通过菌剂的诱导抗性提高西蓝花免疫力，减少田间病害的发生。也可以使用登记在蔬菜上的植物源、微生物源、生物化学产物等绿色食品允许使用的农药。可在霜霉病发病前或初期，使用0.5%苦参碱水剂86～115毫升/亩喷雾防治；在黑腐病发病前或发病初期，使用4%春雷霉素水剂60～80毫升/亩喷雾防治，间隔7～10天用药一次，每季最多3次，安全间隔期5天。在软腐病发病初期，使用47%春雷·王铜可湿性粉剂80～100克/亩，间隔7～10天用药一次，每季最多使用2次，安全间隔期5天。

6.2 西蓝花虫害

6.2.1 性诱剂诱杀

推荐应用性诱剂诱杀小菜蛾、斜纹夜蛾、甜菜夜蛾，诱芯使用数量参照产品使用说明书。诱芯应根据产品的理化特性及有效期等定期更换。

6.2.2 生物农药

田间虫害防控应在田间监测技术上，在虫害发生初期及害虫态低龄期及时施药防治。

小菜蛾防治可以在虫害发生初期及为害虫态低龄期，选用16000 IU/毫克苏云金杆菌可湿性粉剂50～75克/亩、100亿CFU/

毫升短稳杆菌悬浮剂800～1000倍液、0.3%印楝素乳油50～80毫升/亩或0.5%苦参碱可溶液剂60～90毫升/亩喷雾防治。

菜青虫防治可在害虫低龄幼虫期，用0.5%蛇床子素水乳剂100～120毫升/亩、16000 IU/毫克苏云金杆菌可湿性粉剂25～50克/亩或0.5%苦参碱可溶液剂60～90毫升/亩喷雾防治。

甜菜夜蛾防治可在低龄幼虫期，用10亿PIB/毫升苜蓿银纹夜蛾核型多角体病毒悬浮剂100～150毫升/亩、30亿PIB/毫升甜菜夜蛾核型多角体病毒20～30毫升/亩或32000 IU/毫克苏云金杆菌可湿性粉剂150～200克/亩喷雾防治。苏云金杆菌可兼治小菜蛾、斜纹夜蛾、黄条跳甲等。

斜纹夜蛾防治可在卵孵化盛期或低龄幼虫期，用10亿PIB/克斜纹夜蛾核型多角体病毒可湿性粉剂50～60克/亩或100亿CFU/毫升短稳杆菌悬浮剂800～1000倍液喷雾防治。

蚜虫防治可在始盛期，用0.5%苦参碱可溶液剂60～90毫升/亩、1.5%除虫菊素水乳剂120～180毫升/亩或5%桉油精可溶液剂70～100克/亩喷雾防治。

6.2.3 天敌生物

蚜虫为主要害虫的田块，可根据需要选择释放瓢虫、食蚜蝇、食蚜瘿蚊、小花蝽、草蛉等天敌；小菜蛾、斜纹夜蛾、甜菜夜蛾、菜青虫等鳞翅目害虫为主的田块，可因地制宜选择释放蠋蝽、寄生蜂等。

7 化学防治

7.1 西蓝花病害

西蓝花病害种类复杂，包括土传病害根肿病、立枯病，叶部病害黑斑病、霜霉病、菌核病、灰霉病、黑腐病、软腐病等，化学防治是物理防治和生物防治的有效补充，应用最佳时期是发病前或发病初期。化学农药应符合两个关键要素，第一是要在西蓝花、十字花科蔬菜或蔬菜上登记，第二是符合 NY/T 393《绿色食品　农药使用准则》，根据这两个原则制定西蓝花主要病害的化学防治方案。具体以中国农药信息网（www.icama.org.cn/）登记的信息为准。

7.1.1 霜霉病

西蓝花霜霉病发病初期可使用 60% 唑醚·代森联水分散粒剂 50~60 克/亩或 80% 三乙膦酸铝可湿性粉剂 117.5~235 克/亩喷雾防治，施药间隔期 7~10 天。唑醚·代森联安全间隔期 7 天，三乙膦酸铝的安全间隔期为 3 天。每季作物最多使用 3 次，避免抗药性影响，不可随意加大用药量，避免农药残留风险。

7.1.2 软腐病

西蓝花软腐病发病前或发病初期，用 4% 春雷霉素水剂 60~80 毫升/亩或 47% 春雷·王铜可湿性粉剂 80~100 克/亩喷雾防治，安全间隔期 5 天。

7.1.3 其他病害

其他多种病害可在发病初期，用 36% 甲基硫菌灵悬浮剂 400~1000 倍或 80% 代森锌可湿性粉剂 80~100 克/亩喷雾防治。

7.2 西蓝花虫害

参考中国农药信息网（www.icama.org.cn/）中花椰菜、十字花科蔬菜和蔬菜的登记信息制订以下防治方案。

7.2.1 小菜蛾

小菜蛾化学防治应抓住卵孵化盛期和低龄幼虫发生期，及时采用 1% 甲氨基阿维菌素苯甲酸盐乳油 10～20 毫升/亩、4.5% 高效氯氰菊酯乳油 33～50 毫升/亩、2% 高氯·甲维盐微乳剂 40～60 克/亩、5% 氟铃脲乳油 40～70 毫升/亩、42% 氟铃·辛硫磷乳油 80～110 毫升/亩、20% 甲氰菊酯乳油 25～30 毫升/亩、100 克/升虫螨腈悬浮剂 50～70 毫升/亩或 30% 茚虫威水分散粒剂 7～9 克/亩喷雾防治。高效氯氰菊酯乳油、高氯·甲维盐微乳剂、氟铃脲乳油、氟铃·辛硫磷乳油的安全间隔期为 7 天，甲氰菊酯乳油、茚虫威水分散粒剂、甲氨基阿维菌素苯甲酸盐乳油的安全间隔期为 3 天，虫螨腈悬浮剂的安全间隔期为 14 天。

7.2.2 菜青虫

菜青虫化学防治应抓住发生初期和低龄幼虫发生期，用 40% 辛硫磷乳油 75～100 毫升/亩或 4.5% 高效氯氰菊酯乳油 20～40 毫升/亩喷雾防治，安全间隔期均为 14 天。

7.2.3 甜菜夜蛾

甜菜夜蛾化学防治应抓住卵孵化盛期或幼虫期，用 2% 甲氨基阿维菌素苯甲酸盐乳油 5～7 克/亩、100 克/升虫螨腈悬浮剂 50～70 毫升/亩或 5% 高氯·氟铃脲乳油 30～60 毫升/亩喷雾防治，甲氨基阿维菌素苯甲酸盐乳油、虫螨腈悬浮剂和高氯·氟铃脲乳油的安全间隔期分别为 3 天、14 天和 7 天。

7.2.4 斜纹夜蛾

斜纹夜蛾防控应于害虫卵孵化盛期常规喷雾施药，可以使用 2% 高氯·甲维盐微乳剂 40～60 克/亩，安全间隔期为 7 天。

7.2.5 蚜虫

蚜虫防控应于害虫始盛期常规喷雾施药,可用10%吡虫啉可湿性粉剂5克/亩、25%抗蚜威水分散粒剂20～36克/亩或4.5%高效氯氰菊酯乳油5～27毫升/亩,三种农药的安全间隔期分别为14天、14天和7天。

7.3 西蓝花草害

防除一年生杂草,如看麦娘、马唐、猪殃殃、荠菜等,采用18%草铵膦可溶液剂150～250毫升/亩,兑水30～50升,在西蓝花生长期,杂草出齐后,喷头加装保护罩于行间进行杂草茎叶定向喷雾处理;该除草剂还可用于在上茬蔬菜采收后、下茬蔬菜栽种前,对残余作物和杂草进行茎叶喷雾处理,灭茬清园。使用除草剂时应避免药液漂移到其他作物上,避免产生药害,大风或预计2小时内降雨,请勿施药。

附录 A　西蓝花主要病虫草害及其为害症状

西蓝花主要病虫草害及其为害症状如图所示。

西蓝花黑腐病症状（左）及其田间为害状（右）

西蓝花黑斑病

西蓝花软腐病

西蓝花霜霉病症状　　　　　　西蓝花根肿病

蚜虫群集在西蓝花幼嫩部位为害

菜青虫（左）及其田间为害状（右）

斜纹夜蛾成虫（左）和幼虫（右）

甜菜夜蛾幼虫　　　　　　　　黄曲条跳甲

看麦娘

猪殃殃

婆婆纳

早熟禾

野艾蒿

毛茛

附录B　西蓝花主要病虫草害防治推荐农药使用方案

推荐用于防治西蓝花病虫草害的部分药剂及其使用方法详见下表。部分生物农药的使用应根据病原菌情况参照在其他蔬菜上登记药剂的使用方法。

西蓝花主要病虫草害防治推荐农药使用方案

防治对象	防治时期	农药名称	使用剂量	施药方法	安全间隔期（天）
霜霉病	发病前或发病初期	0.5%苦参碱水剂	86~115毫升/亩	喷雾	
		60%唑醚·代森联水分散粒剂	50~60克/亩	喷雾	7
		80%三乙膦酸铝可湿性粉剂	117.5~235克/亩	喷雾	3
黑腐病	发病前或发病初期	4%春雷霉素水剂	60~80毫升/亩	喷雾	5
软腐病	发病初期	47%春雷·王铜可湿性粉剂	80~100克/亩	喷雾	5
多种病害	发病初期	36%甲基硫菌灵悬浮剂	400~1000倍液	喷雾	
		80%代森锌可湿性粉剂	80~100克/亩	喷雾	21

(续表)

防治对象	防治时期	农药名称	使用剂量	施药方法	安全间隔期（天）
小菜蛾	卵孵化盛期	42%氟铃·辛硫磷乳油	80～110毫升/亩	喷雾	7
	发生初期及为害虫态低龄期	16000 IU/毫克苏云金杆菌可湿性粉剂	50～75克/亩	喷雾	
	卵孵化盛期至低龄幼虫期	0.3%印楝素乳油	50～80毫升/亩	喷雾	
		4.5%高效氯氰菊酯乳油	33～50毫升/亩	喷雾	7
		1%甲氨基阿维菌素苯甲酸盐乳油	10～20毫升/亩	喷雾	3
	卵孵化盛期至低龄（1～2龄）幼虫发生盛期	5%氟铃脲乳油	40～70毫升/亩	喷雾	7
	卵孵化盛期至2龄幼虫前	2%高氯·甲维盐微乳剂	40～60克/亩	喷雾	7
	低龄幼虫期或虫害发生初期	0.5%苦参碱可溶液剂	60～90毫升/亩	喷雾	14
	1～2龄幼虫中、高峰期	100亿CFU/毫升短稳杆菌悬浮剂	800～1000倍液	喷雾	
	幼虫2～3龄期	20%甲氰菊酯乳油	25～30毫升/亩	喷雾	3
	卵孵化盛期至2龄幼虫期（3龄幼虫分散为害前）	100克/升虫螨腈悬浮剂	50～70毫升/亩	喷雾	14

（续表）

防治对象	防治时期	农药名称	使用剂量	施药方法	安全间隔期（天）
小菜蛾	低龄幼虫发生盛期	30%茚虫威水分散粒剂	7～9克/亩	喷雾	3
菜青虫	低龄幼虫发生初期	16000 IU/毫克苏云金杆菌可湿性粉剂	25～50克/亩	喷雾	
菜青虫	低龄幼虫期	0.5%蛇床子素水乳剂	100～120毫升/亩	喷雾	
菜青虫	低龄幼虫期	4.5%高效氯氰菊酯乳油	20～40毫升/亩	喷雾	14
菜青虫	低龄幼虫期或虫害发生初期	0.5%苦参碱可溶液剂	60～90毫升/亩	喷雾	14
菜青虫	虫害发生初期	40%辛硫磷乳油	75～100毫升/亩	喷雾	14
甜菜夜蛾	低龄幼虫（3龄前）始发期	10亿PIB/毫升苜蓿银纹夜蛾核型多角体病毒悬浮剂	100～150毫升/亩	喷雾	
甜菜夜蛾	卵孵化盛期	30亿PIB/毫升甜菜夜蛾核型多角体病毒	20～30毫升/亩	喷雾	
甜菜夜蛾	卵孵化盛期或幼虫期	2%甲氨基阿维菌素苯甲酸盐乳油	5～7克/亩	喷雾	3
甜菜夜蛾	卵孵化盛期至2龄幼虫期（3龄幼虫分散为害前）	100克/升虫螨腈悬浮剂	50～70毫升/亩	喷雾	14

(续表)

防治对象	防治时期	农药名称	使用剂量	施药方法	安全间隔期（天）
甜菜夜蛾	卵孵化盛期、低龄幼虫（1～2龄）发生高峰期至幼虫分散之前	5%高氯·氟铃脲乳油	30～60毫升/亩	喷雾	7
	发生初期及为害虫态低龄期	32000 IU/毫克苏云金杆菌可湿性粉剂	150～200克/亩	喷雾	
斜纹夜蛾	发生初期及为害虫态低龄期	32000 IU/毫克苏云金杆菌可湿性粉剂	150～200克/亩	喷雾	
	低龄幼虫（3龄前）始发期	10亿PIB/克斜纹夜蛾核型多角体病毒可湿性粉剂	50～60克/亩	喷雾	
	1～2龄幼虫中、高峰期	100亿CFU/毫升短稳杆菌悬浮剂	800～1000倍液	喷雾	
	卵孵化盛期至2龄幼虫前	2%高氯·甲维盐微乳剂	40～60克/亩	喷雾	7
黄条跳甲	发生初期	32000 IU/毫克苏云金杆菌可湿性粉剂	75～100克/亩	喷雾	
蚜虫	低龄期或虫害发生初期	0.5%苦参碱可溶液剂	60～90毫升/亩	喷雾	14

（续表）

防治对象	防治时期	农药名称	使用剂量	施药方法	安全间隔期（天）
蚜虫	始盛期	1.5%除虫菊素水乳剂	120~180毫升/亩	喷雾	
		5%桉油精可溶液剂	70~100克/亩	喷雾	
		10%吡虫啉可湿性粉剂	5克/亩	喷雾	14
		4.5%高效氯氰菊酯乳油	5~27毫升/亩	喷雾	7
	发生初期、中期	20%吡虫啉可溶液剂	6.7~10毫升/亩	喷雾	7
	发生初盛期	25%抗蚜威水分散粒剂	20~36克/亩	喷雾	14
杂草	生长期杂草出齐后；清园	18%草铵膦可溶液剂	150~250毫升/亩	定向茎叶喷雾	

注：农药使用以最新版本 NY/T 393《绿色食品 农药使用准则》的规定和农药登记信息为准。

绿色食品 甘蓝 绿色防控技术指南

李宝聚[1] 谢学文[1] 李磊[1] 石延霞[1] 柴阿丽[1] 杨杰[2] 贡海燕[3] 范腾飞[1]
（1.中国农业科学院蔬菜花卉研究所；2.西藏自治区农牧科学院蔬菜研究所；
3.天津市农业科学院）

1 生产概况

甘蓝（*Brassica oleracea* var. *capitata* Linnaeus）为十字花科芸薹属二年生草本植物，是我国主要的蔬菜作物，是城乡居民的"当家菜"。在我国，甘蓝播种面积约1472万亩，年产量约3421万吨，是东北、西北、华北等地区春、夏、秋栽培的主要蔬菜，在南方秋、冬、春也有大面积栽培。目前，甘蓝绿色生产中尚存在一些突出问题，例如病虫害严重，影响了甘蓝的产品质量，故制定其病虫害绿色防控技术指南如下。

2 常见病虫草害

2.1 病害

黑腐病、软腐病、霜霉病、炭疽病、黑斑病、枯萎病、根肿病。

2.2 虫害

甘蓝夜蛾、斜纹夜蛾、甜菜夜蛾、小菜蛾、菜青虫、蚜虫（包括萝卜蚜、甘蓝蚜，桃蚜）、黄条跳甲等。

2.3 草害

荠菜、婆婆纳、看麦娘、猪殃殃、早熟禾、野艾蒿、毛茛、马唐。

3 防治原则

按照"预防为主、综合防治"的植保原则，在做好田间监测的基础上，采用农业措施、栽培防病、物理防治、生物防治以及科学合理的化学防治相结合的绿色综合防控技术，实现控制甘蓝病虫害和甘蓝安全生产的目的。

4 农业防治

4.1 抗性品种

选用对枯萎病、黑腐病等病虫害具有抗性的甘蓝品种，有利于延缓或减轻病虫害的发生，是一种最为经济有效的病虫害防控措施。生产上可以因地制宜选择叶球高圆形、叶色浓绿的具有一定抗病虫特性的甘蓝品种，如中甘18号、中甘96号、秋甘5号、中甘628号、中甘828号、中甘56号、中甘1305号、京甘4号、京甘5号、西园秋丰、西园冬秀、春秋婷美、苏甘65号等。

4.2 种子处理

从无病田或无病株上采种。包衣种子可直接播种，未包衣的种子用50℃温水浸种25分钟，也可以使用0.05%的次氯酸钠溶液浸种30分钟，或采用药剂结合丸化粉材料对种子进行丸粒化处理，包衣剂应符合NY/T 393《绿色食品 农药使用准则》的规定。

4.3 田园管控

4.3.1 健身栽培

培育壮苗，定植时剔除带病虫的甘蓝苗，选择健壮植株移栽。定植前整地施肥，每亩施加腐熟农家肥45000千克，纯氮150~180千克/公顷、五氧化二磷90~120千克/公顷、氧化钾60~90千克/公顷。深翻土壤，将肥料与土壤充分混合均匀。定植后立即浇一次透水，保持土壤湿润，促进缓苗。视降雨情况浇水1~2次，结合浇水追加氮肥、磷肥。观察田间杂草生长情况，除草1~2次。结球后期不宜浇水施肥，以免裂球。

4.3.2 肥水管理

幼苗正常生长后进行中耕蹲苗，直到植株长到10片叶左右、球茎直径为3~4厘米时才开始浇水。以后小水勤浇，保持土壤见干见湿。浇水间隔时间和每次灌水量要尽量均匀一致，防止肉质茎开裂或畸形。

4.3.3 田园清洁

上茬结束后，及时清洁田园。上茬甘蓝发病严重的田块及时将病残体清理出田外，采用臭氧或者其他发酵方式进行无害化处理，如果残体直接破碎还田须配合使用土壤熏蒸剂或者微生物药剂进行联合处理，熏蒸剂的使用应符合 NY/T 393《绿色食品　农药使用准则》的规定。

下茬甘蓝种植前，土壤深翻细碎，夏季和秋季要及时清除田间和周边杂草，减少下茬作物的初侵染源。

5 物理防治

5.1 银灰膜避蚜

利用蚜虫对银灰色的忌避性，田间可使用银灰色地膜，减少或减轻蚜虫为害。

5.2 合理使用防虫网

甘蓝属于冷凉蔬菜，小型害虫主要是蚜虫，其他害虫包括小菜蛾、菜青虫、斜纹夜蛾、黄曲条跳甲等，体形较大，建议使用 29 目防虫网，可以采用简易安装或者大棚架安装两种方式。犁地后晾地 7 天以上，促使田间害虫因饥饿迁走，晾地期间检查防虫网上是否有卵块，如有及时摘除，定植后及时封闭防虫网，阻挡外部害虫迁入为害。

5.3 杀虫灯诱杀

利用甜菜夜蛾、斜纹夜蛾等鳞翅目害虫的趋光性，在田间安装黑光灯诱捕装置，利用光源外配制的高压击杀网电杀害虫。

5.4 悬挂粘虫板

以田间插竹棍悬挂的方式悬挂黄色粘虫板，每 20 米^2 悬挂一块，粘虫板应高于甘蓝顶端 10～15 厘米。根据害虫发生情况及时增减粘虫板数量，粘虫板上粘满害虫或者失去黏性时及时更换。

5.5 电解杀菌水防治甘蓝病害

可使用电解水发生设备制备电解杀菌水，防治甘蓝霜霉病、黑斑病、灰霉病、黑腐病等真菌和细菌病害。

6 生物防治

6.1 生物药剂防病

田间应用时可以使用绿色食品允许使用并在甘蓝上已登记的微生物菌剂，通过菌剂诱导抗性提高甘蓝的免疫力，减少田间病害的发生。也可以使用登记在蔬菜上的植物源、微生物源、生物化学产物等绿色食品允许使用的农药防治甘蓝病害。黑腐病和软腐病可在田间发病前或发病初期使用生物农药常规喷雾进行防治，还可使用5%大蒜素微乳剂或5%大蒜提取物60～80克/亩防治，施药间隔期是7～10天，连续用药3～4次。

6.2 生物药剂防虫

田间虫害防控应在田间监测技术上，在虫害发生初期及为幼虫低龄期及时施药防治。

6.2.1 斜纹夜蛾

在低龄幼虫发生初期常规喷雾施药，可以使用0.6%印楝素乳油100～200毫升/亩、10亿PIB/毫升斜纹夜蛾核型多角体病毒悬浮剂60～75毫升/亩或200亿CFU/克爪哇虫草菌Ij01可湿性粉剂60～90克/亩，施药间隔期7～10天，连续用药3～4次。

6.2.2 甜菜夜蛾

在低龄诱虫始发期常规喷雾施药，可以使用10亿PIB/毫升苜蓿银纹夜蛾核型多角体病毒悬浮剂100～120毫升/亩、10亿PIB/毫升甜菜夜蛾核型多角体病毒悬浮剂80～100毫升/亩或60克/升乙基多杀菌素悬浮剂20～40毫升/亩喷雾防治，施药间隔期7～10天，连续用药3～4次。乙基多杀菌素悬浮剂安全间隔期为7天。

6.2.3 小菜蛾

在低龄幼虫期常规喷雾施药，可以使用60克/升乙基多杀菌素悬浮剂20～40毫升/亩、2%虫菊·印楝素微囊悬浮剂30～50毫升/亩、10%多杀霉素悬浮剂12.5～17.5毫升/亩、20亿PIB/毫升甘蓝夜蛾核型多角体病毒90～120毫升/亩、5%苦参碱水剂8～10毫升/亩、150亿CFU/克球孢白僵菌悬浮剂200～250毫升/亩、8000 IU/微升苏云金杆菌150～250毫升/亩或1%印楝素微乳剂42～56毫升/亩，施药间隔期7～10天，连续用药3～4次。乙基多杀菌素悬浮剂安全间隔期为7天，多杀霉素悬浮剂安全间隔期为3天。

6.2.4 菜青虫

在卵孵化盛期、低龄幼虫期和始盛期常规喷雾施药，可以使用80亿CFU/毫升金龟子绿僵菌CQMa421可分散油悬浮剂40～60毫升/亩、0.4%蛇床子素可溶液剂100～200毫升/亩、2%苦参碱水剂15～22.5毫升/亩、1%苦皮藤素水乳剂50～70毫升/亩、0.5%藜芦胺可溶液剂75～100毫升/亩或8000 IU/微升苏云金杆菌悬浮剂200～300毫升/亩，施药间隔期7～10天，连续用药3～4次。

6.2.5 蚜虫

在点片发生期或发生初期常规喷雾施药，可以使用 1.5% 除虫菊素水乳剂 120～160 毫升/亩或 0.3% 苦参碱水剂 100～200 毫升/亩，施药间隔期 7～10 天，连续用药 3～4 次。

6.2.6 黄条跳甲

发生初期常规喷雾施药，可以使用 80 亿 CFU/毫升金龟子绿僵菌 CQMa421 可分散油悬浮剂 60～90 毫升/亩或 0.3% 苦皮藤素水乳剂 100～120 毫升/亩，施药间隔期是 7～10 天，连续用药 3～4 次。

6.3 天敌生物防虫

蚜虫为主要害虫的田块，可释放瓢虫、食蚜蝇、食蚜瘿蚊、小花蝽、草蛉等天敌进行防治；夜蛾类为主要害虫的田块，可根据当地条件释放赤眼蜂进行防治。

6.4 性诱剂诱杀害虫成虫

推荐使用有斜纹夜蛾、甜菜夜蛾、小菜蛾等害虫的性诱剂产品。通过设置害虫性诱剂，诱杀雄性成虫，减少害虫成虫的交配次数，降低产卵量，控制田间虫口密度。性诱剂具体设置数量、悬挂方式及其有效期等，根据产品使用说明书执行。

7 化学防治

7.1 甘蓝病害

甘蓝病害的化学防控应将发病前的预防措施和发病初期的防治措施相结合。若甘蓝生长后期发病，应及时收割。具体以中国农药信息网（www.icama.org.cn/）登记的信息为准。

7.1.1 霜霉病和炭疽病

防治甘蓝霜霉病和炭疽病，参照农药标签说明上的使用剂量，在发病前和发病初期，使用80%三乙膦酸铝可湿性粉剂117.5～235克/亩叶面均匀喷雾，施药间隔7～10天，连续施药3～4次，安全间隔期3天。

7.1.2 其他病害

其他多种病害在发病初期，可使用36%甲基硫菌灵悬浮剂400～1000倍液或80%代森锌可湿性粉剂80～100克/亩喷雾防治。

7.2 甘蓝虫害

虫害防控应做好田间监测，在虫害发生初期及为害虫态低龄期及时施药防治。

7.2.1 斜纹夜蛾

使用8%甲氨基阿维菌素可溶液剂40～50千克/亩在卵孵化盛期至低龄幼虫始盛期喷雾；使用10%虫螨腈悬浮剂40～60克/亩在发生初期喷雾施药；使用12%甲维·虫螨腈悬浮剂10～15毫升/亩于低龄幼虫期喷雾。上述药剂可兼治甜菜夜蛾、甘蓝夜蛾等。

7.2.2 甜菜夜蛾

于低龄幼虫盛发期，使用5%甲氨基阿维菌素苯甲酸盐水分散粒剂6～8克/亩、5%氟铃脲乳油40～70毫升/亩、100克/升虫螨腈悬浮剂50～70毫升/亩或5%氯虫苯甲酰胺悬浮剂30～55毫升/亩喷雾防治。上述药剂可兼治斜纹夜蛾、甘蓝夜蛾等。

7.2.3 小菜蛾

使用5%甲氨基阿维菌素水分散粒剂3～4.5克/亩叶片均匀喷雾；使用240克/升虫螨腈悬浮剂在低龄幼虫期60～80毫升/亩喷雾，安全间隔期7天，每季最多用药2次；在发生初期使用15%茚虫威悬浮剂15～20克/亩喷雾，每季使用不超过2次，间隔5～7天；还可以使用5%氟铃脲乳油38～75毫升/亩喷雾，安全间隔期7天。在小菜蛾低龄幼虫期喷雾施药，喷雾时必须做到叶片的叶背、叶面均匀喷到。

7.2.4 菜青虫

在低龄幼虫盛发期使用4.5%高效氯氰菊酯微乳剂20～40毫升/亩对叶片正反两面均匀喷雾1次；在初发始盛期使用40%辛硫磷乳油75～100毫升/亩喷雾，安全间隔期7天，每季最多使用3次。还可使用1%甲氨基阿维菌素苯甲酸盐乳油10～17毫升/亩或20%甲氰菊酯乳油20～30克/亩喷雾，施药安全期7～10天。

7.2.5 蚜虫

在蚜虫发生初盛期使用40%啶虫脒水分散粒剂3～3.75克/亩兑水均匀喷雾；在蚜虫发生初盛期使用25%吡蚜酮可湿性粉剂20～30克/亩喷雾，安全间隔期14天，每季最多使用3次；还可使用50%螺虫乙酯水分散粒剂10～12克/亩、4.5%高效氯氰菊酯乳油40～50毫升/亩或10%吡虫啉微乳剂10～20毫升/亩喷雾施药。对准幼嫩新叶处喷施效果更好。

7.2.6 黄条跳甲

在甘蓝移栽时使用0.5%噻虫嗪颗粒剂5000～6000克/亩施药1次。施药时将药剂与细沙混匀，在甘蓝苗周围开沟均匀撒施，覆土，可适当浇水。生育期内使用 5% 啶虫脒可湿性粉剂 30～40 克 / 亩或 4.5% 高效氯氰菊酯可湿性粉剂 20～40 毫升 / 亩于幼虫盛发期均匀喷雾。

7.3 甘蓝草害

甘蓝播后苗前或移栽前，采用 330 克 / 升二甲戊灵乳油 125～150 毫升 / 亩，兑水后对土壤表面进行土壤封闭除草，防除一年生杂草，如看麦娘、马唐、猪殃殃、荠菜等；或在生长期杂草出齐后和清园时，用 18% 草铵膦可溶液剂 150～250 毫升 / 亩定向茎叶喷雾，防除一年生禾本科杂草及部分阔叶杂草。使用除草剂时应避免药液飘移到其他作物上，避免产生药害，大风或预计 2 小时内降雨，不宜施药。

附录 A 甘蓝主要病虫草害及其为害症状

甘蓝主要病虫草害及其为害症状如图所示。

甘蓝黑斑病

甘蓝枯萎病

甘蓝黑腐病

甘蓝霜霉病

甘蓝根肿病

甘蓝菌核病

甘蓝软腐病

小菜蛾幼虫（左）及其田间为害状（右）

甜菜夜蛾幼虫(左)及其为害状(右)

斜纹夜蛾幼虫(左)及其为害状(右)

菜青虫　　　　　　　　　　黄曲条跳甲

蚜虫

看麦娘　　　　　　　　　　　　猪殃殃

婆婆纳　　　　　　　　　　　　早熟禾

野艾蒿　　　　　　　　　　毛茛

附录 B 甘蓝主要病虫草害防治推荐农药使用方案

可用于防治甘蓝病虫草害的部分药剂及其使用方法详见下表。

甘蓝主要病虫草害防治推荐农药使用方案

防治对象	防治时期	农药名称	使用剂量	施药方法	安全间隔期（天）
软腐病	发病前或初见零星病斑时	5%大蒜素微乳剂	60～80克/亩	喷雾	
	发病前或发病初期	5%大蒜提取物微乳剂	60～80克/亩	喷雾	
霜霉病	发病前或发病初期	0.5%苦参碱水剂	86～115毫升/亩	喷雾	
		80%三乙膦酸铝可湿性粉剂	117.5～235克/亩	喷雾	3
多种病害	发病初期	36%甲基硫菌灵悬浮剂	400～1000倍液	喷雾	
		80%代森锌可湿性粉剂	80～100克/亩	喷雾	21
斜纹夜蛾	发生初期	0.6%印楝素乳油	100～200毫升/亩	喷雾	

（续表）

防治对象	防治时期	农药名称	使用剂量	施药方法	安全间隔期（天）
斜纹夜蛾	低龄幼虫盛发期	200 亿 CFU/克爪哇虫草菌 Ij01	60～90 克/亩	喷雾	
	卵孵化初期至3龄前幼虫发生高峰期	10 亿 PIB/毫升斜纹夜蛾核型多角体病毒悬浮剂	60～75 毫升/亩	喷雾	
	低龄幼虫期	10% 虫螨腈悬浮剂	40～60 克/亩	喷雾	14
		8% 甲氨基阿维菌素苯甲酸可溶液剂	2.5～5 毫升/亩	喷雾	7
		12% 甲维·虫螨腈悬浮剂	10～15 毫升/亩	喷雾	14
甜菜夜蛾	低龄幼虫（3龄前）始发期	10 亿 PIB/毫升苜蓿银纹夜蛾核型多角体病毒悬浮剂	100～120 毫升/亩	喷雾	
	低龄幼虫盛发期	10 亿 PIB/毫升甜菜夜蛾核型多角体病毒悬浮剂	80～100 毫升/亩	喷雾	
		60 克/升乙基多杀菌素悬浮剂	20～40 毫升/亩	喷雾	7
		5% 甲氨基阿维菌素苯甲酸盐水分散粒剂	6～8 克/亩	喷雾	3

（续表）

防治对象	防治时期	农药名称	使用剂量	施药方法	安全间隔期（天）
甜菜夜蛾	低龄幼虫盛发期	5%氟铃脲乳油	40～70毫升/亩	喷雾	7
		100克/升虫螨腈悬浮剂	50～70毫升/亩	喷雾	14
		5%氯虫苯甲酰胺悬浮剂	30～55毫升/亩	喷雾	7
小菜蛾	低龄幼虫期	60克/升乙基多杀菌素悬浮剂	20～40毫升/亩	喷雾	7
		10%多杀霉素悬浮剂	12.5～17.5毫升/亩	喷雾	3
	卵孵化盛期至低龄幼虫期	2%虫菊·印楝素微囊悬浮剂	30～50毫升/亩	喷雾	
	卵孵化盛期或发生初期	240克/升虫螨腈悬浮剂	20～35毫升/亩	喷雾	14
	卵孵化盛期或1～2龄幼虫盛发期	5%苦参碱水剂	8～10毫升/亩	喷雾	
	1～2龄幼虫初盛期	8000 IU/微升苏云金杆菌	150～250毫升/亩	喷雾	
	低龄幼虫（3龄前）始发期	20亿PIB/毫升甘蓝夜蛾核型多角体病毒	90～120毫升/亩	喷雾	
	低龄幼虫发生初期	3%甲氨基阿维菌素苯甲酸盐悬浮剂	6～10毫升/亩	喷雾	3

（续表）

防治对象	防治时期	农药名称	使用剂量	施药方法	安全间隔期（天）
小菜蛾	发生初期	5%氟铃脲乳油	38～75毫升/亩	喷雾	7
	发生初期	15%茚虫威悬浮剂	15～20克/亩	喷雾	7
	发生盛期	150亿CFU/克球孢白僵菌悬浮剂	200～250毫升/亩	喷雾	
	发生期均可施用	1%印楝素微乳剂	42～56毫升/亩	喷雾	
菜青虫	卵孵化盛期或低龄幼虫期	80亿CFU/毫升金龟子绿僵菌CQMa421可分散油悬浮剂	40～60毫升/亩	喷雾	
	低龄幼虫发生初期和始盛期	0.4%蛇床子素可溶液剂	100～200毫升/亩	喷雾	
	低龄幼虫发生期	2%苦参碱水剂	15～22.5毫升/亩	喷雾	
	低龄幼虫发生期	1%苦皮藤水乳剂	50～70毫升/亩	喷雾	
	低龄幼虫发生期	0.5%藜芦胺可溶液剂	75～100毫升/亩	喷雾	
	初盛期	8000 IU/微升苏云金杆菌悬浮剂	200～300毫升/亩	喷雾	
	低龄幼虫盛发期	4.5%高效氯氰菊酯乳油	20～40毫升/亩	喷雾	7

（续表）

防治对象	防治时期	农药名称	使用剂量	施药方法	安全间隔期（天）
菜青虫	发生初期	40%辛硫磷乳油	70~75毫升/亩	喷雾	7
		1%甲氨基阿维菌素苯甲酸盐乳油	10~17毫升/亩	喷雾	3
		20%甲氰菊酯乳油	20~30克/亩	喷雾	3
蚜虫	发生始盛期	1.5%除虫菊素水乳剂	120~160毫升/亩	喷雾	
		0.3%苦参碱水剂	100~200毫升/亩	喷雾	
	初盛期	40%啶虫脒水分散粒剂	3~3.75克/亩	喷雾	7
		25%吡蚜酮可湿性粉剂	20~30克/亩	喷雾	14
	低龄若虫始发期	50%螺虫乙酯水分散粒剂	10~12克/亩	喷雾	7
	发生初期	4.5%高效氯氰菊酯乳油	40~50毫升/亩	喷雾	7
	种群上升期	10%吡虫啉微乳剂	10~20毫升/亩	喷雾	7
黄条跳甲	卵孵化盛期或低龄幼虫期	80亿CFU/毫升金龟子绿僵菌CQMa421可分散油悬浮剂	60~90毫升/亩	喷雾	

（续表）

防治对象	防治时期	农药名称	使用剂量	施药方法	安全间隔期（天）
黄条跳甲	发生初期	0.3%苦皮藤素水乳剂	100～120毫升/亩	喷雾	
	发生初期	5%啶虫脒可湿性粉剂	30～40克/亩	喷雾	5
	发生初期	11%虫螨腈·啶虫脒微乳剂	40～50毫升/亩	喷雾	7
	甘蓝移栽时	0.5%噻虫嗪颗粒剂	5000～6000克/亩	沟施	
杂草	播后苗前或移栽前	330克/升二甲戊灵乳油	125～150毫升/亩	土壤喷雾	
	生长期杂草出齐后；清园	18%草铵膦可溶液剂	150～250毫升/亩	定向茎叶喷雾	

注：农药使用以最新版本 NY/T 393《绿色食品 农药使用准则》的规定和农药登记信息为准。

绿色食品 茄子 绿色防控技术指南

刘富中[1]　张映[1]　舒金帅[1]　陈钰辉[1]　王宏[2]　王少丽[1]
（1.中国农业科学院蔬菜花卉研究所；2.杭州市农业科学研究院）

1 生产概况

茄子属于茄科茄属，在世界范围内广泛种植，在热带地区可多年生，在温带地区作为一年生作物栽培。茄子全世界种植面积为196.2万公顷，我国是世界上最大的茄子生产国，茄子的种植面积为80.3万公顷左右，江苏、山东、广东、河南、湖南、四川、江西、湖北、广西等省份均有较大的种植面积，可露地栽培，也可保护地栽培。目前，茄子绿色生产中尚存在一些突出问题，例如，病虫害严重，绿色防控技术不完善，超量、违规用药造成产品安全性下降等，影响了茄子的产品质量，故制定其病虫草害绿色防控技术指南。

2 常见病虫草害

2.1 病害

猝倒病（病原菌为瓜果腐霉菌）、灰霉病（病原菌为灰葡萄孢菌）、根腐病（病原菌主要为茄病镰刀菌或立枯丝核菌）、黄萎病（病原菌主要为黑白轮枝杆菌和大丽轮枝杆菌）、枯萎病（病原菌为尖孢镰刀菌茄子专化型）、青枯病（病原菌为茄雷尔氏菌）、白粉病（病原菌主要为旱金莲内丝白粉病或鞑靼内丝白粉菌）。

2.2 虫害

粉虱、蚜虫、蓟马、螨类（叶螨和茶黄螨）。

2.3 草害

牛筋草、马齿苋、灰灰菜、喜旱莲子草、水稗草、狗尾草等。

3 防治原则

按照"预防为主、综合防治"的植保原则，在做好田间监测的基础上，采用农业措施、栽培防病、物理防治、生物防治以及科学合理的化学防治相结合的绿色综合防控技术，实现控制茄子病虫草害和茄子安全生产的目的。

4 农业防治

4.1 抗性品种

选用对灰霉病、青枯病等病虫害具有抗性的茄子品种，有利于延缓或减轻病虫害的发生，也是一种最为经济有效的病虫害防控措施。生产上根据当地的生态类型和消费需求因地制宜选择适合的茄子品种，例如，适宜华北地区栽培的园杂460、园丰7号、长杂216、京茄110、京茄338、海丰长茄5号等，适宜西南地区栽培的嫁接品种渝茄5号、渝茄12号等，适宜华南地区栽培的农夫2号、农夫3号、闽茄6号和赣茄2号等，适宜华东地区栽培的浙茄10号、沪黑6号、沪茄5号、沪茄316等，适宜长江中下游地区栽培的迎春1号、迎春4号、紫龙9号、苏茄6号、皖茄15、皖茄050等，适宜东北地区栽培的龙杂茄9号、哈茄V8、辽茄10号等。

4.2 清洁田园

茄子育苗前和种植前，清除杂草杂物，减少虫源。生长过密时须去除植株下部老叶，提高田间通风透光能力。生产过程中要及时清除田间及周边杂草，随农事操作摘除病虫叶，及时带出田外，并集中深埋或销毁；茄子生产结束后，及时拉秧，清除植株、病残体及杂草等。

4.3 适时播种

根据当地的温度确定适合的播种时间，茄子定植时通常要求气温不低于10℃，地下10厘米地温稳定在13℃以上。应根据砧木和接穗的生长特性错期播种，以保证嫁接时砧木和接穗的幼茎直径匹配。

根据需要选用32孔或50孔等大小适宜的育苗盘。基质用草炭和珍珠岩按8∶2的比例配制。播种前穴盘用高锰酸钾2000倍液浸泡10分钟，用清水冲洗并晾干。有包衣的种子直接播种。没有包衣的种子建议做如下处理：55℃热水浸泡20分钟，保湿，变温催芽，30℃处理 8 小时，20℃处理 16 小时。每天用清水洗涤一次。种子露白后即可播种，也可以处理后不催芽，直接播种。

4.4 培育壮苗

在环境可控的设施里培育无病虫害的壮苗，茄子种苗分为自根苗和嫁接苗，黄萎病、枯萎病和青枯病等土传病害严重的地块建议种植嫁接苗，嫁接苗可以选择托鲁巴姆等抗病性强的品种作砧木，选择符合当地消费需求的品种作接穗。

4.5 田园管控

4.5.1 整地施肥

前茬作物收获后，尽快深翻晒土，将地下害虫、土壤中的病原菌翻至地表，通过阳光照射消灭土壤中的病原菌和虫卵，减轻土传病害。种植前须将土块整理平整。

施足基肥，促进植株健康生长。周年长季节栽培须多施基肥，可每亩施腐熟农家肥 10 米^3，腐熟鸡粪 2~3 米^3，氮磷钾（15-15-15）三元缓释复合肥 50 千克。春温室、春大棚、春夏露地、夏秋露地、秋冬大棚和秋冬温室等栽培模式，施腐熟农家肥 5 米^3，腐熟鸡粪 1~2 米^3，氮磷钾（15-15-15）三元缓释复合肥 50 千克。将有机肥和三元复合肥均匀撒施于土壤表面，然后深翻 30~40 厘米，耙平，使肥料与土壤混合均匀。

4.5.2 作畦与覆膜

茄子宜高畦栽培，有助于及时排水，防止沤根，降低根腐病等土传病害的发生程度。一般畦高 20~25 厘米，畦底宽 80 厘米，畦面宽 60 厘米，过道宽 40~60 厘米，每畦定植两行，畦面铺设

2条滴灌管。畦上覆膜，有利于降低空气湿度，减少土壤中病原菌的传播。黑膜可防止杂草生长。低温时覆膜有保温和促进植株生长的作用。夏秋茬种植时要晚覆膜或不覆膜，防止定植时温度过高，灼伤植株。

4.5.3 温度管理

茄子生长最适宜的温度是白天20～30℃，晚上15～20℃。北方冬春季节设施栽培，通过设施外加盖保温被，设施内多层覆盖，或设置加温等措施来提高温度。露地温度过低时，可通过加盖小拱棚、设置风障来防风御寒。设施中温度过高时可打开上下通风口，或开启风机湿帘通风降温，也可适当覆盖遮阳网。

4.5.4 水肥管理

茄子宜使用膜下滴灌，水肥一体化管理。定植后浇透水，种植茄子土壤含水量以70%～80%为宜。夏秋季茄苗刚定植时，为防止植株徒长，可以适当蹲苗。结果期水分要均匀，忽干忽湿容易引起裂果。设施栽培要注意调控环境湿度，茄子适合的环境湿度是70%～80%，湿度过高时可通过放风和提高温度来降低湿度，湿度过低时可进行喷雾，或地面洒水提高湿度。

在底肥充足的情况下，到门茄"瞪眼"开始随水第一次追肥，可选纯氮、五氧化二磷、氧化钾配比为20-10-30的高硫酸钾型水溶肥，每次亩用5～10千克，以后每次采果后随水施肥5～10千克。在冬季低温和夏季高温等极端情况下可喷施磷酸二氢钾等叶面肥缓解逆境带来的不利影响。

4.6 合理轮作

种植茄子须选用3年及以上未种植茄子的地块；有条件的实行水旱轮作，或与十字花科、葫芦科、玉米、豇豆、花生等其他科作物轮作,该措施可有效减少土传病害,降低病害发生程度。

5 物理防治

5.1 高温闷棚

栽培茄子的温室和大棚,在6—8月设施空闲期进行1周以上高温闷棚。具体操作流程:拉秧→清除前期植株和杂物→撒施石灰等消毒剂、稻草或秸秆以及活化剂,并同时施入腐熟农家肥→深翻土壤→大水漫灌→铺上地膜或废旧棚膜→封闭设施,保持土壤温度在50℃以上进行灭菌减害。闷棚结束后,揭开地膜,充分通风后即可做垄定植。

5.2 防虫网阻隔

针对保护地栽培田块,可在棚室的通风口处设置40～60目的防虫网,防止粉虱、蚜虫等的成虫迁入棚室内为害。

5.3 粘虫板诱杀

可在田间植株上方10～20厘米处悬挂黄板诱杀和监控粉虱和蚜虫,悬挂蓝板诱杀和监控蓟马,每亩地悬挂25厘米×40厘米的黄板和蓝板各20张,粘虫板上发现害虫应及时进行药物防治。粘虫板沾满害虫或者失去黏性时及时更换,粘虫板须随植株生长调整悬挂高度。如果要释放天敌昆虫,应在释放前摘除粘虫板。

5.4 银膜驱蚜

蚜虫有回避银灰色的特性。可在作物行间或作物四周空地铺设银灰膜，也可在田间及大棚通风口吊挂银灰条以驱避蚜虫。

5.5 器械控害

每 1～2 公顷挂 1 盏频振式杀虫灯，接虫口距离地面 100～150 厘米为宜。

有条件的地方，可在棚室内悬挂多功能植保机，其产生的臭氧快速扩散到整个空间，对于灰霉病、疫病及虫害等均有防控作用。

5.6 及时除草

采用铺盖地膜或地布、机械除草或人工除草的方法防治杂草，减少病虫害寄主，防止杂草与茄苗争夺养分，有利于植株生长。

6 生物防治

6.1 生物药剂防病

茄子青枯病可选用多粘类芽孢杆菌和蜡质芽孢杆菌防治。播种前用 0.1 亿 CFU/ 克多粘类芽孢杆菌细粒剂 300 倍液浸种 30 分钟；苗期用 0.1 亿 CFU/ 克多粘类芽孢杆菌细粒剂 0.3 克 / 米^2 苗床泼浇；定植时用 0.1 亿 CFU/ 克多粘类芽孢杆菌细粒剂 1050～1400 克 / 亩灌根预防青枯病；定植时也可用 20 亿 CFU/ 克的蜡质芽孢杆菌可湿性粉剂 100 倍液蘸根预防青枯病；发病初期可用 20 亿 CFU/ 克蜡质芽孢杆菌可湿性粉剂 100～300 倍液灌根，每株灌 250 毫升，每季可以使用 3 次。

茄子黄萎病可用枯草芽孢杆菌防治。定植时每株穴施 10 亿

CFU/克枯草芽孢杆菌可湿性粉剂2～3克预防发病；发病初期用10亿CFU/克的枯草芽孢杆菌可湿性粉剂300～400倍液每株灌根250毫升治疗，间隔5天后使用第二次。

6.2 生物药剂防虫

蓟马可选用金龟子绿僵菌、藜芦根茎提取物、乙基多杀菌素、多杀霉素等生物药剂进行防治。在蓟马卵孵化盛期或低龄幼虫期，每亩均匀喷80亿CFU/毫升金龟子绿僵菌CQMa421可分散油悬浮剂60～90毫升。在蓟马发生初期，每亩使用0.5%藜芦根茎提取物可溶液剂70～80毫升喷雾；或每亩使用60克/升乙基多杀菌素悬浮剂10～20毫升喷雾，每季最多使用3次，安全间隔期5天；也可每亩使用10%多杀霉素悬浮剂17～25毫升喷雾，每季最多使用1次，安全间隔期3天。

螨类卵孵化盛期或幼螨期，每亩使用0.1%藜芦根茎提取物可溶液剂120～140克喷雾，安全间隔期10天，每季最多可用1次。

蚜虫发生初期，每亩使用1.5%的苦参碱可溶液剂30～40毫升喷雾，安全间隔期10天，每季最多可用1次。

6.3 天敌生物防虫

设施栽培中，害虫发生初期可释放天敌昆虫进行防治。针对蚜虫可释放异色瓢虫、小花蝽、草蛉、蚜茧蜂、食蚜蝇和食蚜瘿蚊等；针对粉虱可释放东亚小花蝽、草蛉、丽蚜小蜂和烟盲蝽等；针对蓟马可释放东亚小花蝽、巴氏新小绥螨和胡瓜新小绥螨等；针对螨类可释放智利小植绥螨、加州新小绥螨、中华草蛉、食螨瓢虫等。释放天敌后，尽量不施用化学药剂，以免杀伤天敌。

7 化学防治

7.1 茄子病害

茄子病害的化学防控应将发病前的预防措施和发病初期的防治措施相结合,使病害的为害程度控制到最小。

7.1.1 猝倒病

播种前,平整土壤,使土壤颗粒松细均匀,使用0.8%精甲·嘧菌酯颗粒剂3～5克/米^{2}与少量土壤混匀形成药土,撒于苗床上,播种后再覆盖少量药土;穴盘基质育苗可以参考以上用量,将药剂混拌入基质中,也可播种后随灌溉水施入。上述措施可预防猝倒病,播种时使用1次。

7.1.2 灰霉病

在灰霉病发病前或者发病初期,选用二氯异氰尿酸钠、氟吡菌酰胺·嘧霉胺、腐霉利·嘧霉胺、硫黄·多菌灵等化学药剂,参照标签说明上的使用方法和剂量,如20%二氯异氰尿酸钠可溶粉剂187.5～250克/亩、500克/升氟吡菌酰胺·嘧霉胺悬浮剂60～80毫升/亩、50%腐霉利·嘧霉胺水分散粒剂50～70克/亩、50%硫黄·多菌灵可湿性粉剂135～166克/亩进行喷雾防治。二氯异氰尿酸钠每季最多施用3次,安全间隔期3天;氟吡菌酰胺·嘧霉胺每季最多施用2次,安全间隔期3天;腐霉利·嘧霉胺每季最多施用3次,安全间隔期5天;硫黄·多菌灵每季最多施用3次,安全间隔期3天。严格把控施用次数和施用到采收的安全间隔期。

7.1.3 根腐病

根腐病可选用0.7%春雷霉素·精甲霜灵颗粒剂400～600克/

亩与少量土壤混匀形成药土，在茄子移栽定植时施于种植穴中，覆盖少量土壤后移栽并灌溉，可预防根腐病，每季在移栽时使用1次。

7.1.4 白粉病

在白粉病发病前或者发生时，选用43%氟菌·肟菌酯悬浮剂，每亩喷雾20～30毫升。安全间隔期3天，每季最多使用2次。

7.2 茄子虫害

虫害防控应做好田间监测，在虫害发生初期及时施药防治。

7.2.1 粉虱

粉虱的防控要注意提前预防，在为害初期及时控制。可选用噻虫嗪、吡虫啉等药剂。苗期定植前3～5天，采用25%噻虫嗪水分散粒剂7～15克/亩整株喷雾；定植后，可用25%噻虫嗪水分散粒剂2000～4000倍液每株灌根0.12～0.2克；生长期内，可用200克/升吡虫啉可溶液剂15～30毫升/亩喷雾。农药要轮换使用，防止产生抗药性。噻虫嗪和吡虫啉每季最多喷雾2次，安全间隔期都是3天。噻虫嗪每季最多灌根1次，安全间隔期7天。

7.2.2 蚜虫

吡虫啉、噻虫嗪可兼治蚜虫，防治方法参考粉虱的防控方法。

7.2.3 蓟马

蓟马发生初期，可选用20.8%甲维·虫螨腈悬浮剂12～15毫升/亩喷雾，或选用240克/升虫螨腈20～30毫升/亩喷雾。

甲维·虫螨腈安全间隔期为7天，每季最多使用1次。虫螨腈安全间隔期为7天，每季最多使用2次。应注意，蓟马活动和为害隐蔽性都很强，施药时可适当添加蓟马引诱剂。

7.2.4 螨类

防治螨类，可在螨类发生初期，及时采用240克/升虫螨腈叶面喷雾，每亩用量20～30毫升，注意均匀喷雾，且喷施叶片背面和作物幼嫩部位。安全间隔期7天，每季最多使用2次。

附录 A　茄子主要病虫害及其为害症状

茄子主要病虫害及其为害症状如图所示。

茄子猝倒病

茄子根腐病植株萎蔫变黄（左）和根部褐化腐烂（右）

茄子灰霉病为害叶片（左）和果实（右）

茄子白粉病为害叶片产生白色斑点

 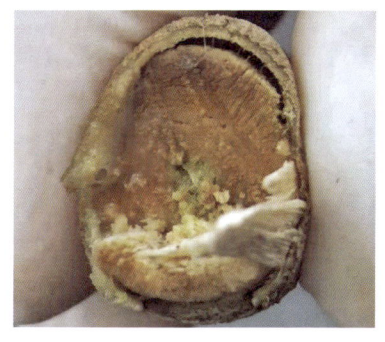

茄子青枯病植株枯萎（左）且挤压茎秆有菌脓症状（右）

茄子黄萎病叶片枯萎（左）且茎秆维管束褐化（右）

茄子枯萎病植株枯萎　　　　　蚜虫为害茄子叶片

粉虱为害茄子叶片（左）及其诱发的煤污病（右）

蓟马为害茄子叶片（左）和果实（右）

茶黄螨为害茄子致使嫩叶皱缩（左）、茎秆木栓化（中）和果实木栓化（右）

附录B 茄子主要病虫草害防治推荐农药使用方案

可用于防治茄子病虫草害的部分药剂及其使用方法详见下表。

茄子主要病虫害防治推荐农药使用方案

防治对象	防治时期	农药名称	使用剂量	施药方法	安全间隔期（天）
青枯病	播种	0.1亿CFU/克多粘类芽孢杆菌细粒剂	300倍液	浸种	
	育苗	0.1亿CFU/克多粘类芽孢杆菌细粒剂	0.3克/米^2	苗床泼浇	
	定植	0.1亿CFU/克多粘类芽孢杆菌细粒剂	1050～1400克/亩	灌根	
	定植	20亿CFU/克蜡质芽孢杆菌可湿性粉剂	100倍液	蘸根	
	发病初期	20亿CFU/克蜡质芽孢杆菌可湿性粉剂	100～300倍液，250毫升/株	灌根	
黄萎病	定植	10亿CFU/克枯草芽孢杆菌可湿性粉剂	2～3克/株	穴施	
	发病初期	10亿CFU/克枯草芽孢杆菌可湿性粉剂	300～400倍液，250毫升/株	灌根	

（续表）

防治对象	防治时期	农药名称	使用剂量	施药方法	安全间隔期（天）
猝倒病	播种前	0.8%精甲·嘧菌酯颗粒剂	3～5克/米²	拌土撒施	
根腐病	定植	0.7%春雷霉素·精甲霜灵颗粒剂	400～600克/亩	穴施	
灰霉病	发病前或发病初期	20%二氯异氰尿酸钠可溶粉剂	187.5～250克/亩	喷雾	3
		500克/升氟吡菌酰胺·嘧霉胺悬浮剂	60～80毫升/亩	喷雾	3
		50%腐霉利·嘧霉胺水分散粒剂	50～70克/亩	喷雾	5
		50%硫黄·多菌灵可湿性粉剂	135～166克/亩	喷雾	3
白粉病	发病前或发病初期	43%氟菌·肟菌酯悬浮剂	20～30毫升/亩	喷雾	3
白粉虱	苗期（定植前3～5天）	25%噻虫嗪水分散粒剂	7～15克/亩	喷雾	3
	整个生育期	25%噻虫嗪水分散粒剂	0.12～0.2克/株，2000～4000倍液	灌根	7
	发生前或发生初期	200克/升吡虫啉可溶液剂	15～30毫升/亩	喷雾	3
蓟马	低龄幼虫期	0.5%藜芦根茎提取物可溶液剂	70～80毫升/亩	喷雾	10
	卵孵化盛期或低龄幼虫期	80亿CFU/毫升金龟子绿僵菌CQMa421	60～90毫升/亩	喷雾	

（续表）

防治对象	防治时期	农药名称	使用剂量	施药方法	安全间隔期（天）
蓟马	发生初期	60克/升乙基多杀菌素悬浮剂	10～20毫升/亩	喷雾	5
		10%多杀霉素悬浮剂	17～25毫升/亩	喷雾	3
		20.8%甲维·虫螨腈悬浮剂	12～15毫升/亩	喷雾	7
		240克/升虫螨腈悬浮剂	20～30毫升/亩	喷雾	7
螨类（红蜘蛛）	卵孵化盛期或低龄幼虫期	0.1%藜芦根茎提取物可溶液剂	120～140克/亩	喷雾	10
螨类	卵孵化盛期或低龄幼虫期	240克/升虫螨腈悬浮剂	20～30毫升/亩	喷雾	7
蚜虫	发生初期	1.5%苦参碱可溶液剂	30～40毫升/亩	喷雾	10

注：农药使用以最新版本NY/T 393《绿色食品 农药使用准则》的规定和农药登记信息为准。

绿色食品 猕猴桃绿色防控技术指南

孙雷明[1]　方金豹[1]　齐秀娟[1]　张蕾[2]　陈锦永[1]　李红运[3]　林苗苗[1]　范娜娜[4]
（1. 中国农业科学院郑州果树研究所；2. 湖北省农业科学院果树茶叶研究所；
3. 楚雄绿巨人生物科技有限公司；4. 西峡县猕猴桃发展中心）

1　生产概况

猕猴桃为猕猴桃科猕猴桃属雌雄异株多年生落叶藤本植物，原产于中国，是20世纪由野生到人工商业化栽培驯化最为成功的果树种类之一。猕猴桃因其风味独特，富含维生素C，深受消费者青睐，被誉为"水果之王"。我国是世界上猕猴桃种植面积和产量最大的国家，栽培总面积近30万公顷，其中陕西、四川、贵州、江西、湖南、河南、湖北等省份种植面积占全国总面积的75%以上，猕猴桃产业在脱贫攻坚和乡村振兴中发挥了重要作用。目前，猕猴桃绿色生产中还存在着一些突出问题，例如，果园病虫害严重，绿色防控技术不科学，高效防控技术推广不到位等，严重影响了猕猴桃的果品质量和产业安全，故制定其主要病虫害绿色防控技术指南如下。

2 常见病虫害

2.1 病害

溃疡病（病原为丁香假单胞杆菌猕猴桃致病变种）、褐斑病（病原为多主棒孢菌）、花腐病（病原为假单胞菌）、根结线虫病（病原为根结线虫）等。

2.2 虫害

叶蝉、介壳虫、橘小实蝇（又名柑橘小实蝇，幼虫为果蛆）、红蜘蛛等。

3 防控原则

贯彻"预防为主、综合防治"的植保方针，树立"公共植保、绿色植保、科学植保"理念，根据猕猴桃主要病虫害发生规律，在做好果园监测的基础上，以农业防控和物理防控为基础，结合生物防控，科学安全地使用化学防控技术，最大限度地减轻农药对生态环境的破坏和对自然天敌的伤害，实现对猕猴桃主要病虫害的控制和达到绿色安全生产的目的。

4 农业防控

4.1 果园选址

猕猴桃建园宜选择坡度在30°以下、土壤通透性好、不易发生冻害、排灌条件良好且前茬未种植同种果树的地块，产地环境应符合 NY/T 391《绿色食品 产地环境质量》要求。对于易积水地块，提倡起垄栽培，以减轻根部病害的发生。果园及周围避免种植易于病原寄生或害虫嗜食的寄主植物。

4.2 品种选择

根据种植区地势特点，宜选用适合当地气候特点的抗性强、品质佳、商品性好的优良接穗品种。同时，选择生长健壮、根系发达、嫁接亲和力好、抗病虫能力强的砧木类型。苗木质量应符合 GB 19174《猕猴桃苗木》的规定。

4.3 土肥水管理

加强果园土肥水管理，营造不利于病虫害发生的土壤环境。建园时通过深翻、施用有机肥进行果园土壤改良。猕猴桃生长期根据树龄、树势和土壤养分状况合理施肥，以有机肥和生物菌肥为主，配施氮磷钾复合肥，注意硼、钙等中微量元素的补充。肥料使用应符合 NY/T 394《绿色食品 肥料使用准则》的规定。

猕猴桃喜湿怕涝，应根据果园土壤特征和猕猴桃不同生长季需水特点适时灌溉，同时做好雨季排涝，防止果园积水，减少根系病害发生。生长期可通过树盘覆草、行间生草等提高果园土壤保水能力，增加土壤有机质含量。

4.4 树体管理

根据种植品种特性、植株树龄和树势确定适宜负载量，做好花前疏蕾、花期授粉、花后疏果。科学整形，合理修剪，保持架面良好的通风透光条件，促使树体营养生长与生殖生长平衡，健壮树势，增强植株抗病虫能力。冬季对树体主干刷涂白剂，既能预防冻害，又可杀灭树干上的越冬病虫。

4.5 果园清洁

树体修剪后及时对较大剪口、伤口涂抹伤口保护剂促进愈合，阻止病原入侵。休眠期用杀菌剂等进行全园喷雾，彻底清洁果园，刮除主干及大枝上的老翘皮和病虫斑，将各类病虫残枝、病叶、僵果和杂草等带出果园集中焚毁或深埋，减少越冬病原菌和虫卵。发现感染猕猴桃溃疡病较重的植株，应尽早连根清除，并对树盘土壤进行杀菌处理。

4.6 果实套袋

在猕猴桃坐果后膨大期对果实进行套袋，既可减少日灼病、介壳虫、橘小实蝇等病虫对果实的为害，又能减少果实表面农药残留和灰尘，提升果实外观品质。

5 物理防控

5.1 搭建避雨设施

有条件的地区或果园可搭建避雨设施，有效控制果园环境温度和湿度，阻断雨水对溃疡病、褐斑病、软腐病等病原菌的传播，营造适宜猕猴桃生长的小气候环境。

5.2 杀虫灯、黄板或糖醋液诱杀

利用害虫的趋光性、趋色性，在果园外围或园内安装频振式杀虫灯，或悬挂黄板，诱杀隆背花薪甲、斜纹夜蛾、橘小实蝇等鞘翅目、鳞翅目、双翅目害虫成虫。利用害虫的趋化性，将红糖、醋、白酒、水按一定比例（2∶1∶1∶10）配制成糖醋液，并加入少量杀虫剂，在成虫发生期悬挂于果园内距离地面1.5～2

米的位置，诱杀叶蝉等害虫。

5.3 架设防虫网

在果园周围架设防虫网，阻隔橘小实蝇等有翅害虫的入侵，从而减少害虫成虫危害，防止成虫进入果园产卵，减轻昆虫对溃疡病等病原菌的传播。

6 生物防控

6.1 使用生物源农药

喷施春雷霉素、中生菌素等防治溃疡病；用氨基寡糖素灌根防治根结线虫；喷施苦参碱防治蚜虫。

6.2 保护和利用天敌

改善果园生态环境，加强对害虫自然天敌的保护和利用，使用对天敌安全的选择性农药或生物制剂。行间种植三叶草、毛叶苕子等绿肥植物，为天敌提供庇护场所；套种万寿菊、苦皮藤等植物抵抗根结线虫病为害。在果园内释放寄生蜂防治橘小实蝇的幼虫和蛹，利用红点唇瓢虫防治介壳虫，投放捕食螨、草蛉防治红蜘蛛。

7 化学防控

7.1 猕猴桃病害

猕猴桃病害的化学防控应将发病前的预防措施和发病初期的防治措施相结合，同时为避免田间病原菌产生耐药性，建议轮换用药。化学防控所用农药应符合 NY/T 393《绿色食品 农药使用准则》的规定。

7.1.1 溃疡病

猕猴桃溃疡病是一种威胁猕猴桃生产的毁灭性细菌性病害，对植株树干、枝蔓、叶片、花蕾等都有危害，会导致树体营养缺失、生长不良，严重时整株死亡甚至毁园，做好重点时期防控至关重要。

在猕猴桃植株萌芽期，用2%春雷霉素水剂300～400倍液进行全园喷施，重点喷洒芽眼和枝干；开花前及花后，用3%中生菌素可湿性粉剂600～800倍液或27.12%碱式硫酸铜悬浮剂600～800倍液对整个植株喷洒一次，此时可结合喷药加入少量尿素和硼肥；采果后，用6%春雷霉素水剂900～1200倍液或47%春雷·王铜可湿性粉剂500～800倍液对全树枝蔓、叶片喷药1次，防止病原菌从果柄、伤口等部位侵入，结合喷药可加入少量磷酸二氢钾及除虫菊素等必要的杀虫剂；落叶后，用33.5%喹啉铜悬浮剂800～1200倍液或5%中生菌素可湿性粉剂1000～1300倍液均匀喷洒树干枝蔓1次，防止溃疡病菌从叶柄痕等侵染枝蔓。

7.1.2 褐斑病

猕猴桃褐斑病是猕猴桃生产期严重的叶部病害之一，叶片感病后提前掉落，诱发翌年结果枝条抽发，不仅影响花芽分化，还会使果实可溶性固形物积累受限，导致果实品质和产量下降。高温高湿条件有利于病原菌的侵染和传播。

猕猴桃褐斑病发生前用10%苯醚甲环唑水分散粒剂800～1600倍液、60%唑醚·代森联水分散粒剂1000～1500倍液等保护性杀菌剂对叶片进行喷施预防；发病初期用70%

甲基硫菌灵可湿性粉剂 600～800 倍液或 50% 唑醚·喹啉铜 1500～2000 倍液对植株进行喷施控制病原菌蔓延；病害发生期喷施 43% 氟菌·肟菌酯悬浮剂 1500～2000 倍液或 0.5% 小檗碱水剂 400～500 倍液等治疗性杀菌剂控制病情。

7.1.3 花腐病

猕猴桃花腐病主要为害猕猴桃的花蕾、花和幼果，在现蕾期集中表现，感染后花蕾不能膨大或花开放不正常，导致大量落花、落果，或形成畸形果，影响猕猴桃产量和品质。植株萌芽前后，全园喷施 40% 春雷·噻唑锌悬浮剂 800～1200 倍液提前防控，每隔 10～15 天喷一次，用药时配施叶面肥预防倒春寒危害；开花初期为重点防控期，可用 33.5% 喹啉铜悬浮剂 800～1000 倍液全株均匀喷雾。对于有发病史的果园，可以结合溃疡病的防治一并喷药预防。

7.1.4 根结线虫病

猕猴桃根结线虫病是由寄生于根部的根结线虫引起，主要为害猕猴桃根部，从苗期到成龄期均可受害，导致被害植株根部形成大小不等的圆形或纺锤形根瘤，影响根系对水分和营养的吸收，造成植株黄叶、树势衰弱，产量和品质下降，严重时可导致整株萎蔫死亡。在做好苗木检疫的基础上，定植前用 44～48℃ 温水对幼苗根系进行浸根处理，植株生长期发生根结线虫病时，在根系周围用 0.5% 氨基寡糖素水剂 600～800 毫升/亩灌根处理，防止病害扩散蔓延。

7.2 猕猴桃虫害

猕猴桃虫害防控应做好田间监测，掌握果园虫害发生情况，在虫害发生初期和为害虫态低龄期及时施药防治。

7.2.1 叶蝉

叶蝉若虫、成虫主要通过刺吸式口器吸食猕猴桃芽、叶和枝梢的汁液，致使被害部位出现苍白色斑点，树体营养受到损失，严重时引起提早落叶、树势削弱、产量锐减。在若虫发生期用1.5%除虫菊素水乳剂600～1000倍液进行全园喷雾，重点喷施芽眼、嫩叶和枝梢。

7.2.2 红蜘蛛

红蜘蛛一般在早春开始活动，以成虫、若虫、幼螨刺吸猕猴桃叶、嫩茎的汁液为害，使受害部位水分减少，表现失绿变白，叶面出现密集的灰白斑点，叶缘卷曲泛黄，严重时全叶苍白早落，影响树势和产量。在红蜘蛛发生的早期阶段，及时喷施0.1%藜芦根茎提取物可溶液剂600～700倍液进行防治，重点对嫩叶和嫩茎喷雾。

附录 A 猕猴桃主要病虫害及其为害症状

猕猴桃主要病虫害及其为害症状如图所示。

猕猴桃溃疡病为害枝蔓（左）和新梢（右）

猕猴桃褐斑病为害叶片（左）并导致受害树体提早落叶（右）

猕猴桃花腐病为害花蕾(左)和花(右)

猕猴桃根结线虫引起的根瘤(左)和植株叶片黄化(右)

叶蝉(左)及其为害猕猴桃叶片状(右)

介壳虫为害猕猴桃枝蔓（左）和果实（右）

橘小实蝇成虫（左）及其幼虫为害果实症状（右）

红蜘蛛（左）及其为害症状（右）

附录 B 猕猴桃主要病虫害防治推荐农药使用方案

可用于防治猕猴桃病虫害的部分药剂及其使用方法详见下表。

猕猴桃主要病虫害防控推荐农药使用方案

防治对象	防治时期	农药名称	使用剂量	施药方法	安全间隔期（天）
溃疡病	萌芽期	2% 春雷霉素水剂	300～400 倍液	喷雾	
	开花前后	3% 中生菌素可湿性粉剂	600～800 倍液	喷雾	
		27.12% 碱式硫酸铜悬浮剂	600～800 倍液	喷雾	
	采果后	6% 春雷霉素水剂	900～1200 倍液	喷雾	
		47% 春雷·王铜可湿性粉剂	500～800 倍液	茎叶喷雾	
	落叶后	33.5% 喹啉铜悬浮剂	800～1200 倍液	喷雾	
		5% 中生菌素可湿性粉剂	1000～1300 倍液	喷雾	
褐斑病	发病前	10% 苯醚甲环唑水分散粒剂	800～1600 倍液	喷雾	14
		60% 唑醚·代森联水分散粒剂	1000～1500 倍液	喷雾	14

（续表）

防治对象	防治时期	农药名称	使用剂量	施药方法	安全间隔期（天）
褐斑病	发病初期	70%甲基硫菌灵可湿性粉剂	600~800倍液	喷雾	14
		50%唑醚·喹啉铜水分散粒剂	1500~2000倍液	喷雾	10
	发病期	43%氟菌·肟菌酯悬浮剂	1500倍液	喷雾	14
		0.5%小檗碱水剂	400~500倍液	喷雾	10
花腐病	萌芽前后	40%春雷·噻唑锌悬浮剂	800~1200倍液	喷雾	14
	开花初期	33.5%喹啉铜悬浮剂	800~1000倍液	喷雾	
根结线虫病	发生期	0.5%氨基寡糖素水剂	600~800毫升/亩	灌根，每季1次	
蚜虫	发生初期	1.5%苦参碱可溶液剂	3000~4000倍液	喷雾	10
叶蝉	若虫发生期	1.5%除虫菊素水乳剂	600~1000倍液	喷雾	
红蜘蛛	发生期	0.1%藜芦根茎提取物可溶液剂	600~700倍液	喷雾	10

注：农药使用以最新版本 NY/T 393《绿色食品 农药使用准则》的规定和农药登记信息为准。

绿色食品 脐橙绿色防控技术指南

李学贤[1] 刘莲莲[1] 李红叶[2] 易时来[3] 张宏宇[4] 胡军华[3] 吴良泉[5] 刘国坤[5] 黄美玲[6] 杨斌华[7]

(1.中国农业大学;2.浙江大学;3.西南大学柑橘研究所;4.华中农业大学;5.福建农林大学;6.漳州市长泰区植保站;7.于都富硒产业发展中心)

1 生产概况

脐橙属芸香科植物,因果顶附生发育不全的次生果而得名,作为我国重要的柑橘类水果,发展脐橙产业对于南方地区的乡村振兴具有特殊意义。近年来,我国脐橙种植面积不断增长,2020年达到415万亩,主要分布在江西、湖北、湖南、陕西南部、贵州、广西、重庆、四川等地的丘陵山区。江西赣州是全国脐橙规模最大、产业最集中的地区。截至2021年,赣州市脐橙种植面积达175万亩,产量150万吨,产值166亿元。病虫害是威胁脐橙优质丰产、绿色高值的突出因素。集成创新与推广应用绿色生产防控技术是有效防控病虫害、切实保障脐橙产量与优良品质、推动产业高质量发展的关键策略。因此,制定本技术指南以指导相关脐橙安全高效生产。

2 常见病虫草害

2.1 病害

细菌性病害包括黄龙病、溃疡病等；真菌性病害包括树脂病（又称黑点病、砂皮病、蒂腐病）、灰霉病、炭疽病、煤烟病、脂点黄斑病、脚腐病、黑斑病等生长期病害，以及蒂腐病、黑腐病、绿霉病、青霉病、酸腐病等贮藏期病害。病毒性病害包括衰退病、碎叶病等。

2.2 虫害

半翅目害虫包括木虱、介壳虫、粉虱、蚜虫等；蜱螨目害虫包括红蜘蛛、锈壁虱等；鳞翅目害虫包括潜叶蛾、卷叶蛾、柑橘凤蝶、吸果夜蛾等；鞘翅目害虫包括金龟子类、潜叶甲、天牛、吉丁虫等；双翅目害虫包括橘小实蝇、橘大实蝇等；缨翅目害虫包括蓟马等。

2.3 草害

主要草害包括筒轴茅、牛筋草、假臭草、芦苇、苍耳、竹节草、白茅、蕨类、芒萁、杠板归、鬼针草、小蓬草等。

3 防治原则

坚持生态学原理和绿色发展理念，优化农业生态系统，提高果园生物多样性，推行"减肥减药"的绿色生产模式，贯彻"预防为主、综合防治"的植保方针，根据 NY/T 393《绿色食品 农药使用准则》综合运用生态调控、生物防治、物理防控等技术，优先采用农艺措施，尽量利用物理和生物措施，必要时合理限量使用低风险农药，科学用药，在确保绿色食品优质高产的同时将病虫危害降到最低限度。

4 生态调控技术

4.1 选址建园

综合考虑地形地势、生态环境质量、土壤条件等因素选址建园。平地和10°以下缓坡地适宜种植脐橙，可参考 T/NJ 1242《机械化柑橘园规划建设技术规程》建设机械化果园；高于10°的坡地应建设成水平梯地。避开盆地、洼地、窝地易霜冻小气候地域，做好水土保持配套工程，布局好园内水、电、路配套设施、肥水一体化设施、安全设备与警示标志。脐橙种植的适宜海拔因地区而异，赣南脐橙适宜种植在海拔300米以下10°~25°缓坡地，重庆奉节脐橙的海拔上限为600米左右（果实品质随海拔升高而下降）。因地制宜采用"山顶戴帽、山腰种果、山脚穿裙"模式统筹推进山地林果生态开发建园，山顶和分水岭要有防护森林带，坡度不大的山坡中间要有水平环山防护林带，山麓有森林护坡护沟、顺坡排水沟、泥沙拦截沟、梯壁竹节沟，同时保持植被多样性，包括乔木（针叶、阔叶混交林）、灌木、草本植物等。乔木有柏树、杉、珊瑚、木麻黄、杞柳、柽柳，不宜种樟、榕等树冠大的品种；半乔木或灌木有马甲子、无理刺、女贞、海桐、扁柏、芦竹；果园周边不种植与柑橘有共生性病虫害的枳、九里香、花椒等植物。防护林不仅有助于减少地表径流、减缓风害和冻害、阻隔病虫源，而且为天敌营造良好的栖息环境，能有效增加天敌种群数量，降低害虫密度。此外，培肥土壤是关系到脐橙产量和品质的基础性工作，通过增施有机肥提高土壤有机质含量，并使用土壤调理剂，使土壤 pH 值保持在 5.5～6.5 的合理范围。

4.2 选择合适品种

选择适宜本区域气候、生态、土壤条件的丰产、优质、抗逆性强的脐橙品种，注重早、中、晚熟品种的合理配置；早熟品种有赣南早、安远早、龙回红、赣脐4号、九月红，中熟品种有纽荷尔、福本、红肉脐橙，晚熟品种有伦晚等。冬季极端低温低于 –2℃的区域，不宜发展12月以后成熟的品种。合适的砧木也很重要，在 pH 值为 4.5～6.5 的土壤宜采用大叶枳壳、枳橙作砧木，在 pH 值大于 7.0 的土壤宜用红橘和香橙等作砧木。

4.3 农艺管理

4.3.1 果园施肥

基于果园土壤养分状况、脐橙生长发育和需肥规律，根据 NY/T 394《绿色食品 肥料使用准则》，足量施用腐熟的农家肥和商品有机肥，充分减控化学肥料，禁止使用含有安全隐患的肥料。强化肥水管理，根据土壤类型、果园实际情况施用柑橘专用肥或进行测土配方平衡施肥，控氮、减磷、补中微量元素、增施有机肥，促进土壤健康，有效减少土传病虫害的发生，同时，增强树体抗病虫能力，使树脂病、炭疽病、螨类及潜叶蛾等病虫害发生率下降。有机肥主要作为基肥冬施（早熟品种可秋末冬初施，晚熟品种多冬末春初施）。可将作物秸秆、谷壳、菜籽饼、玉米饼和石灰混合发酵腐熟，加入微生物制剂（如用红糖水发酵3～5天后含有土著微生物的菌剂）自制有机肥，与土壤拌匀后施用。施肥应集中于根区，幼树可在树冠滴水线环状沟施，成年树在距离树干20～80厘米放射状沟施，宽行窄株果园可结合机械操作条状施肥。挖沟深度30～50厘米、宽度30～40厘米左右，基肥宜深、追肥宜浅。

4.3.2 果园管理

生草覆盖 在脐橙园推广生草覆盖和绿肥种植技术。行间选留一年生浅根系阔叶野草或种植豆科作物、肥田萝卜、油菜等非原生绿肥，营造草与果树和谐共生的微环境，调节果园小气候，可以保持水土、调节土温、抑制杂草生长、调节土壤酸碱度，提高土壤肥力；更重要的是，园内培植生草（如藿香蓟、繁缕、婆婆纳、猪殃殃、蛇床草、蒲公英、豆科绿肥等）可以增加害虫天敌的栖息地，增强果园抑病性，减少农药用量，降低生产成本，从而提高果园的产量与效益。生草植株达到较大生物量时刈割，覆在树盘周围（裸露树体根颈），可以保湿、防旱、降温。一般周年刈割2～4次，保证覆盖度，同时控制高度；及时清除牛筋草、假臭草、芦苇、苍耳、竹节草、白茅等恶性杂草。

整形修剪 整形是将树体培养成骨架牢固、负荷力强和通风透光条件好的丰产树形的手段；修剪是综合运用短截、回缩、疏删等方法平衡树体营养生长和生殖生长的技术，包括萌芽抽梢后的春剪、果实膨大期的夏剪、采果后的冬剪，有冻害或晚熟脐橙产区在春季萌芽前后修剪。要及时剪除衰弱枝、病虫枝，回缩修剪下垂、拖地、重叠枝序，使其更新复壮，改善树体、果园通风透光条件，增强树势。

摇花 花季遇阴雨连绵天气，花瓣不能完全脱落，粘附幼果，会影响幼果见光转绿；及时摇落花瓣有助于减少灰霉病发生，促进幼果见光转绿和正常发育。

冬季清园 采收脐橙后，按"掐头、去尾、疏中间"原则做好修剪工作,要充分重视果园清洁工作。清除黄龙病树,清理病虫枝、枯枝,并集中烧毁,减少病虫基数;选用石硫合剂、矿物油、甲氨基阿维菌素苯甲酸盐、松脂酸钠等药剂防治或杀灭越冬病虫源。

5 物理调控技术

5.1 色板诱杀

在春梢抽发期,每株脐橙树冠中上部挂黄色粘虫板1块,诱杀蚜虫、白粉虱、黑刺粉虱等趋色性害虫;蚜虫、粉虱成虫盛发期,每亩橘园悬挂20~30块黄色粘虫板,粘虫板粘满害虫时(20~30天)更换。普通粘虫板在土壤中不易降解,使用后应回收集中处理或选择环保可降解的粘虫板。

5.2 灯光诱杀

3—11月,每20~30亩果园安装高于树冠0.4~0.6米的太阳能频振式杀虫灯或其他电能诱虫灯1盏,每晚7时至次日早6时(或根据靶标害虫习性)开灯,诱杀潜叶蛾、尺蠖、袋蛾、吸果夜蛾等鳞翅目和鞘翅目趋光性害虫的成虫。

5.3 诱蝇球诱杀

5—9月橘大实蝇、橘小实蝇羽化成虫盛期来临前,在果树中下部内膛悬挂诱蝇球或诱捕瓶。果园年蛀果率在10%以上,按照每树1球处理;10%以下按照两棵树1球处理;往年未见为害,则每亩悬挂10球监测,当诱捕到橘小实蝇成虫时,按每亩10~20个的密度挂球防治。

5.4 糖醋酒液诱杀

从果实膨大期至成熟期,将绵白糖、冰醋酸、无水乙醇、水按 6∶1∶3∶80 的比例配制成糖醋酒液,加入 10% 吡虫啉可湿性粉剂 4000～5000 倍液(吡虫啉可用噻虫嗪、甲氨基阿维菌素苯甲酸盐等药剂代替)。将配置的液体(占诱捕器体积的 1/2)装入盆或瓶形诱捕器内(可用矿泉水瓶壁对侧开 2 个垂直距离约 6 厘米、直径约 2 厘米的孔,供糖醋液气味散发和成虫进入)悬挂于树冠下距地面 1.5 米的阴凉处,每株 1～2 个,可诱杀吸果夜蛾、橘小实蝇等害虫。定时清除诱集的害虫,每周更换一次糖醋酒液;害虫充满时,更换糖醋酒液,废液深埋处理;糖醋酒液也可喷于园内杂草上,但在采果前 15 天左右停止喷施。

5.5 树干涂白防病虫害

涂白可有效预防病虫害侵染,涂白剂中的杀菌、杀虫剂可抑制脚腐病等病害发生以及天牛、吉丁虫等害虫寄生产卵。柑橘四季均可涂白,但夏初和冬初各涂白一次效果更好。涂白剂夏季配方:生石灰 5 千克、食盐 1 千克、晶体石硫合剂 0.5～0.75 千克、动物油或植物油 400 克、水 15～20 千克。冬季配方:食盐和植物油(动物油)比夏季配方多一倍,晶体石硫合剂 1 千克,其他同夏季配方。配制涂白剂时先将食盐和晶体石硫合剂分别用水化开,再加水、生石灰和植物油(动物油)拌匀,用刷子或小笤帚将涂白剂从上到下均匀涂在主干、主枝以及分枝处。

5.6 束草诱杀

利用害虫对越冬场所的喜好进行束草诱杀。果园清园后,11—12 月在柑橘主干、主枝上绑稻草,诱集害虫越冬;翌年 2—4 月解草把，集中杀灭，可以诱杀叶甲、吉丁虫、蜗牛等。当年越冬虫口密度较大时，诱集效果更为明显。

6 生物防控技术

6.1 天敌利用

提倡以螨治螨、以虫治虫，利用捕食螨、异色瓢虫等天敌防控害螨、害虫。每年4月中旬到8月上旬害螨密度低于2头/叶（发生初期）、温度15～30℃时，在树冠直径1.5米左右的果树中部挂1袋捕食螨（前后半个月忌喷杀虫/螨化学农药），捕食柑橘红黄蜘蛛和锈壁虱；每株悬挂2～3个异色瓢虫卵卡（20头/1卵卡）防治木虱。同时，加强保护和利用瓢虫、草蛉、方头甲、赤眼蜂、蚜茧蜂、绒茧蜂等自然天敌。

6.2 性诱剂诱捕

柑橘害虫性诱剂主要适用于橘小实蝇、潜叶蛾、木虱等。例如，橘小实蝇诱剂利用雌性信息素引诱雄性成虫，从果实膨大开始，在脐橙树体高1/3处树冠边缘悬挂诱捕器，平均每亩悬挂4个左右可以起到良好的防治效果。

6.3 生物药剂防病

针对细菌性病害溃疡病以及真菌性病害炭疽病、脚腐病、树脂病，可选用动植物源、微生物源农药。苦参碱诱导植物产生防御素，杀死或抑制病原菌，在溃疡病发病初期有较好的效果。细菌病害还可用春雷霉素、中生菌素、大蒜素等生物制剂或芽孢杆菌等防治，也可与矿物油、铜制剂（如波尔多液、氢氧化铜）或化学农药搭配使用，以延长用药间隔期，减少农药施用量。

6.4 生物药剂防虫

苦参碱是广谱性杀虫剂，具有触杀和胃毒作用，对矢尖蚧、蚜虫有明显的防治效果。d-柠檬烯对害螨特别是红蜘蛛有良好的触杀效应。此外，印楝素可用于防治叶甲、鳞翅目害虫，苏云金杆菌制剂等微生物农药则可有效防治靶标害虫。

7 化学防治技术

综合采用生态、物理和生物防治技术仍然无法有效降低病情指数或虫口密度，在确保人员、产品和环境安全的前提下，可以合理使用绿色低毒高效农药进行化学防控。化学防治应遵循以下原则：①根据脐橙品种、树体长势、物候期、病虫害发生情况，选择合适的农药品种、浓度、用药时期，严格控制施药次数，高温、强光、大风、露水过大时不要用药；②针对靶标害虫类型选用合适的高效低毒农药，根据害虫发育特征确定最佳防治时间；③充分了解药剂性质、质量和使用方法，优先选择没有交互抗性的药剂轮换使用，混配药剂应不发生化学反应或增大浓度；④改进农药施用技术，增加药效；脐橙叶片光滑，农药附着率较低，可加入矿物油、乳化剂、有机硅类渗透剂等助剂改善药效，或搭配适宜的生物制剂提高防治效果；⑤尽可能减少对非目标生物的影响。

7.1 化学药剂防病

7.1.1 黄龙病

黄龙病是由韧皮部杆菌引起的传染性强的毁灭性细菌病害，

传播媒介是柑橘木虱。脐橙黄龙病的综合防控措施包括种植无病苗木、防控木虱、清理病树"三板斧"。首先,从源头防控,严格执行检疫标准,按照国家柑橘无病毒繁育体系规程操作和管理,统一购买无病苗木。其次,切断传播途径。在冬季清园、枝梢萌发与抽生等关键防控时期,定期观察果园虫口,发现木虱及时进行精准化学防控。最后,清除田间病菌源,彻底清理病树。病树必须整株砍除,做到"三检查,四挖除":春梢转绿后检查挖除,夏梢萌发期检查挖除,秋梢萌发期检查挖除,春芽萌发前挖除遗漏病株。严格遵守《植物检疫条例》,喷药杀死木虱后砍树,利用"五步法"防止病树新芽复发:①一砍,将病树在主干离地5厘米处锯断,露出横切面;②二划,用刀在切面进行刮划,树干切面太小可不划;③三涂,在切面划痕涂30%的草铵膦或柴油,防止树蔸重新发芽;④四包,在切面包扎黑色薄膜;⑤五覆土,树蔸周围用土覆盖。

7.1.2 溃疡病

溃疡病是由黄单胞杆菌引起的细菌性病害,病菌通常通过气孔和伤口侵入,在树体内越冬,潜伏期3～10天;通过昆虫、风雨、树枝或人为接触传播,潜叶蛾、凤蝶等虫害严重的果园更容易发生溃疡病。每年4月下旬至10月初均可发病,高温多湿更易发病,5—9月为盛发期。该病一般侵染幼嫩组织,老枝、老叶与老年树较少发病或发病较轻。

防治措施:幼树以保梢长树为主,在春梢、夏梢、秋梢萌发后10天、20天、30天(梢长1.5～3厘米)各喷药一次;成年树以保果为主,全部谢花后10天、30天、50天各喷药一次。可选用治疗剂苦参碱、大蒜素、中生菌素、春雷霉素、矿物油、喹啉铜、噻唑锌或枯草芽孢杆菌,以及保护剂波尔多液、春雷·王铜等铜制剂和铜制剂复配剂，保护剂和治疗剂可轮换使用。

7.1.3　树脂病

树脂病也称黑点病、砂皮病，病原为柑橘间座壳菌。其真菌性病原易在枯枝、枯梢及腐烂的树皮繁殖，其分生和子囊孢子通过雨水冲刷、飞溅和气流传播，果实坐果后至转色前均能感病。赣南春季、夏季是树脂病高发期。

防治措施：增强树势是防控树脂病的关键。首先，应强化果园管理工作，提高脐橙树的抗性，同时做好防冻防旱工作，尽可能减少树体的自然伤害。其次，彻底剪除、销毁枯梢，以减少病源。最后，幼果期及时喷药保护，首选药剂是代森锰锌可湿性粉剂，也可选用克菌丹水分散粒剂、吡唑醚菌酯悬浮剂、氟硅唑水乳剂等三唑类杀菌剂。

7.1.4　灰霉病

灰霉病是由灰葡萄孢菌引起的真菌性病害。3—4月脐橙花期遇阴雨天气，受感染的花瓣先出现水渍状小圆点，随后迅速扩大为黄褐色病斑，引起花瓣腐烂，并长出灰黄色霉层；遇干燥天气花瓣呈淡褐色干枯状。嫩叶、幼果或有伤口的枝叶与发病的花瓣接触则可发病，极易导致花皮果，影响果实品质。

防治措施：冬季或早春做好清园工作，并在花期剪除病枝病叶、摘除病花，集中烧毁。花量大的果园，盛花期在下午轻摇枝条，把花瓣摇落，雨天更应及时摇花，避免花瓣紧粘幼果。目前还没有登记防治柑橘灰霉病的农药，可在防治其他病害时兼防兼治，花前喷嘧菌酯悬浮剂或吡唑醚菌酯悬浮剂防治1~2次。

7.1.5　炭疽病

主要由炭疽菌属的胶孢刺盘孢和尖孢刺盘孢侵染致病，整个生长期均可发病，最适温度21～28℃，偏施氮肥或阴雨、干旱、虫害等不利条件容易感染。通常在春梢自剪转绿后期开始，夏梢多发，高温多湿条件病情重，久旱遭遇大风大雨或温度骤然升高的雷阵雨天气极易感染和暴发炭疽病。

防治措施：在春、夏、秋梢嫩叶期各喷药一次，尤其幼果期和果实膨大期每隔15～20天喷药一次（共2～3次）保护果实。药剂可选择嘧菌酯、吡唑醚菌酯、肟菌酯等甲氧基丙烯酸酯类，苯醚甲环唑、氟环唑、腈菌唑等三唑类杀菌剂，或代森锌等保护性有机杀菌剂。

7.1.6 煤烟病

煤烟病的病原菌达30多种，大多以蚜虫、粉虱和蚧类的分泌物为营养物质进行扩繁，形成黑色、暗褐色或略带灰色的霉层，覆盖在柑橘叶片、果实、枝梢表面。5—6月和9—10月发病严重，与春夏梢和秋梢粉虱、蚜虫、蚧类兼防兼治。

防治措施：在晴天喷10～12倍面粉液（1千克面粉加3～4千克水搅匀、煮沸，使用时按比例加水）或米汤液清除霉污。春季萌芽期和开花前各喷一次吡虫啉和代森锰锌，重点防治蚜虫兼治黑点病；5月中旬（发病初期）用铜制剂类、苦参碱、矿物油进行预防，重点防治介壳虫；7—9月交替使用甲氨基阿维菌素苯甲酸盐、啶虫脒、吡虫啉、噻嗪酮搭配代森锰锌防治白粉虱和黑点病。

7.1.7 脚腐病

由多种真菌引起，主要为镰孢霉和疫霉，通过雨水传播，再由伤口侵染新的植株，主要发生在主干基部，也会引起根腐。环境条件是脚腐病的重要诱因，高温多雨季节最易发病；土质较黏重、排水不良或土壤含水量过高的脐橙园发病比较严重；由于病虫或其他原因使主干基部有伤口的脐橙树，也容易感染脚腐病。

防治措施：栽树时嫁接口要高于土面，防止主干受伤；加强栽培管理，注意开沟排水；一旦发病，要清除根颈部分土壤，刮掉或切除烂皮烂根，用波尔多液涂抹伤口，覆以新土。

7.2 化学药剂防虫

主治兼治结合，有些病虫在相同的物候期以相似的方式为害，可以施药兼治。如木虱、粉虱、红蜘蛛、锈壁虱、潜叶蛾、蚜虫都在萌芽至嫩梢期以刺吸式口器吸食汁液，可用不同作用机制的农药（内吸剂和触杀剂）防治或兼治，减少施药次数和成本。

7.2.1 木虱

柑橘木虱一年发生7～8代，有嗜嫩性，田间世代重叠。木虱是黄龙病传播媒介，除了梢期防治，春梢萌发前、越冬成虫产卵前是化学防治关键时期。可根据"一梢二次药"进行防治：嫩芽萌发0.5～1厘米喷第一次药，7天后喷第二次药，抽梢不整齐的果园可适当增加防治次数。嫩梢萌发1～2厘米发现木虱即开始喷药，药剂可以用噻虫嗪、虱螨脲、甲氨基阿维菌素苯甲酸盐。

7.2.2 粉虱

粉虱喜阴，在荫蔽潮湿的果园更易发生，代数因地区而异，重庆一年发生5代，华南地区一年发生5～6代。主要以若虫密集于叶背吸食为害，排泄的毒露可诱发煤烟病，使枝条、叶片、果实覆盖厚厚的黑霉，影响树体光合作用及果品质量，为害严重时造成枝叶枯死脱落，削弱树势。粉虱是嫩梢期害虫，重点抓好4月中下旬和6月中旬的第一、第二代低龄若虫的防治，药剂可选用啶虫脒、吡虫啉等，还可配合对卵和若虫有杀灭效果的吡丙醚等药剂，交叉轮换用药，效果更佳。

7.2.3 红蜘蛛

红蜘蛛属周年为害害虫，一年发生12～20代，世代重叠，大多以成螨或卵在多年生老叶、枝条缝隙或潜叶蛾为害的卷叶内越冬。红蜘蛛以4—5月春梢叶片转绿期和9—10月为害最严重。果园采收后根据脐橙品种、树龄大小、栽培管理、气候条件、病虫害发生情况喷施合适药剂，在冬季整形修剪、清洁果园后单用石硫合剂或矿物油防治越冬病虫害。定期检查虫情，发现树体有虫叶超过20%，平均每叶有2头以上红蜘蛛就要挑治，全园50%以上果树平均每叶有5头红蜘蛛时应普治。由于红蜘蛛抗药性极强，应慎用广谱性、残效期长、高毒农药，可轮换使用四螨嗪、矿物油、d-柠檬烯、甲氰菊酯和螺螨酯。园内可多种藿香蓟、豆科绿肥等天敌寄主以发挥生物防治效果。

7.2.4 锈壁虱

锈壁虱性喜阴蔽，夏秋高温、干旱有利其繁殖，气温25～30℃且少雨为其发育、繁殖的最适条件。4月上中旬开始活动，5月逐渐转移到春梢嫩叶背面为害，6月向果实迁移，7—8月果实受害最严重，9—10月转移至秋梢为害。重点对叶片与果实背光区域喷洒杀虫剂进行防治，可用苯丁锡、螺螨酯、5%唑螨酯、虱螨脲、石硫合剂等。高发期与红蜘蛛相同，杀红蜘蛛时可以兼治。

7.2.5 潜叶蛾

潜叶蛾的幼虫孵出后从卵壳底部潜入嫩叶或嫩梢皮下组织取食，蛀成弯曲的银白色隧道。隧道中间黑线为幼虫排泄物，叶片组织不能正常生长，导致叶片卷缩硬化。首先要做好冬季清园预防工作，其次可进行抹芽控梢，摘除过早或过晚抽发的不整齐嫩梢，配合肥水管理，使夏梢、秋梢抽发整齐，利于集中喷药护梢。夏梢、秋梢期间，嫩芽抽生1~1.5厘米时须重点防治潜叶蛾，每隔1~10天喷一次药，连喷2~3次。提倡兼治和交替使用不同农药，避免产生抗药性。药剂可选用印楝素、除虫脲可湿性粉剂、啶虫脒、甲氨基阿维菌素苯甲酸盐。高发期的物候期与木虱相同，杀木虱时兼治。

7.2.6 潜叶甲

潜叶甲主要取食叶片，幼虫蛀食叶肉，使叶片呈现宽短亮泡状蛀道，内有幼虫排泄物形成的黑色长线，导致叶片萎黄脱落。成虫取食叶背、嫩芽，仅留叶片表皮，使叶片呈透明斑。一年发生1代，少数2代，3月下旬后产卵，4—5月幼虫为害，老熟幼虫随落叶入土化蛹，5—6月羽化成虫，为害后入土越夏、越冬。低龄幼虫的高峰期为防治关键期，可选用甲氰菊酯或其他菊酯类药剂。

7.2.7 蓟马

我国较为常见的为害柑橘的蓟马有3种，即柑橘蓟马、花蓟马和茶黄蓟马。柑橘蓟马和茶黄蓟马为害柑橘嫩叶、嫩梢、幼果，花蓟马只取食柑橘花，引起落花。前两者锉吸幼嫩表皮细胞，破坏油胞，幼果受害处产生银灰色疤斑；或在幼果萼片或果蒂周围取食，萼片周围产生一层银灰色可刮除大斑；少部分在果腰部位为害，导致较大疤斑，形成花皮果。柑橘蓟马一年可发生7~8代，7月抽生的夏梢受害尤其严重。新梢1厘米左右时应及时防治，一般10~15天用一次药，严重时7天用一次药。在脐橙花期和幼果期应加强田间检查，一般每7天检查一次，谢花后5%～10%的花或幼果有虫、或幼果直径1.8厘米后20%的果实有虫时，应及时防治，选用药剂为啶虫脒、吡虫啉、噻虫嗪。蓟马主要发生期进行地面覆盖也可减轻危害。

附录 A 脐橙主要病虫害及其为害症状

脐橙主要病虫害及其为害症状如图所示。

脐橙黄龙病

脐橙溃疡病

脐橙灰霉病

脐橙炭疽病

脐橙树脂病

木虱成虫（左）、若虫（中）及其为害状（右）

红蜘蛛（左）及其为害状（右）

潜叶蛾（左）及其为害状（中、右）

潜叶甲（左）及其为害状（右）

蚜虫（左）及其为害状（右）

附录 B 绿色食品脐橙生产均允许使用的农药清单

绿色食品脐橙生产均允许使用的农药详见下表。

绿色食品脐橙生产均允许使用的农药清单

防控对象或使用目的		农药名称
虫害	红蜘蛛	球孢白僵菌、石硫合剂、矿物油、苯丁锡、螺螨酯、噻螨酮、乙螨唑、四螨嗪、唑螨酯、联苯肼酯、甲氰菊酯、螺虫乙酯、氟虫脲、氟啶胺
	锈壁虱	石硫合剂、矿物油、苯丁锡、螺螨酯、唑螨酯、虱螨脲、氟虫脲、除虫脲、氟啶胺
	潜叶蛾	印楝素、矿物油、甲氰菊酯、啶虫脒、虱螨脲、杀铃脲、甲氨基阿维菌素苯甲酸盐、高效氯氰菊酯、氟虫脲、除虫脲、虫螨腈、吡虫啉
	柑橘凤蝶	苏云金杆菌
	木虱	螺虫乙酯、金龟子绿僵菌、虱螨脲、噻虫嗪、吡丙醚
	粉虱	苦参碱、啶虫脒
	蚜虫	矿物油、啶虫脒、噻虫嗪、吡虫啉
	介壳虫	螺虫乙酯、松脂酸钠、石硫合剂、矿物油、啶虫脒、噻嗪酮、高效氯氰菊酯、噻虫嗪、吡丙醚

(续表)

防控对象或使用目的			农药名称
虫害		红蜡蚧	高效氯氰菊酯
		矢尖蚧	苦参碱、噻嗪酮、氟啶虫胺腈
		橘小实蝇	噻虫嗪、甲氨基阿维菌素苯甲酸盐、吡虫啉
		根结线虫	淡紫拟青霉
		天牛	噻虫啉
病害	细菌性病害	溃疡病	苦参碱、大蒜素、甲基营养型芽孢杆菌、枯草芽孢杆菌、春雷霉素、中生菌素、氢氧化铜、波尔多液、喹啉铜、噻唑锌
	真菌性病害	树脂病（黑点病、砂皮病）	氟啶胺、代森锰锌、苯醚甲环唑、克菌丹、吡唑醚菌酯、喹啉铜、氟硅唑
		炭疽病	氟啶胺、代森锰锌、抑霉唑、嘧菌酯、吡唑醚菌酯、甲基硫菌灵、氟环唑、代森锌、氟硅唑、多菌灵、腈菌唑、肟菌酯
		疮痂病	代森锰锌、硫黄、嘧菌酯、苯醚甲环唑、甲基硫菌灵、代森联
		蒂腐病（焦腐病）	抑霉唑
		黑腐病	抑霉唑
		青苔病	小檗碱
		绿霉病	枯草芽孢杆菌、抑霉唑、噻菌灵、甲基硫菌灵
		青霉病	枯草芽孢杆菌、抑霉唑、噻菌灵、甲基硫菌灵

（续表）

防控对象或使用目的		农药名称
杂草	一年生阔叶杂草及禾本科杂草	草铵膦、丙炔氟草胺
植物生长调节	控梢、杀梢	S-诱抗素、赤霉酸、苄氨基嘌呤、三十烷醇、芸薹素内酯、烯效唑、乙氧氟草醚

附录 C 脐橙主要病虫草害防治推荐农药使用方案

可用于防治脐橙病虫草害的部分药剂及其使用方法详见下表。

脐橙主要病虫草害防治推荐农药使用方案

防治对象	防治时期	农药名称	使用剂量	施药方法	安全间隔期（天数）	最多施用次数（次/季）
溃疡病	发芽前、落花期、梅雨期、发病初期	28%波尔多液悬浮剂	100～200倍液	喷雾	20	4
	新叶转绿期、花谢2/3期、幼果期和果实膨大期（5—8月）的大风暴雨后	77%氢氧化铜可湿性粉剂	400～600倍液	喷雾	30	5
		5%大蒜素微乳剂	1000～1500倍液	喷雾	14	3
		12%中生菌素可湿性粉剂	3500～4000倍液	喷雾		3
		6%春雷霉素可溶液剂	600～1000倍液	喷雾	28	3
		1000亿CFU/克枯草芽孢杆菌可湿性粉剂	1500～2000倍液	喷雾		3
		80亿CFU/克甲基营养型芽孢杆菌LW-6	800～1200倍液	喷雾		

（续表）

防治对象	防治时期	农药名称	使用剂量	施药方法	安全间隔期（天数）	最多施用次数（次/季）
溃疡病	新叶转绿期、花谢2/3期、幼果期和果实膨大期（5—8月）的大风暴雨后	33.5%喹啉铜悬浮剂	1000～1250倍液	喷雾	20	2
		20%噻唑锌悬浮剂	300～500倍液	喷雾	21	3
青苔病	发病期或初期	0.5%小檗碱可溶液剂	100～200倍液	喷雾	7～10	3
炭疽病	春芽萌动期、花谢2/3期、幼果期和果实成熟前期	65%代森锌可湿性粉剂	500～800倍液	喷雾	21	2～3
		25%嘧菌酯悬浮剂	800～1600倍液	喷雾	14	3
		25%肟菌酯悬浮剂	1000～1500倍液	喷雾	35	2
		20%苯醚甲环唑水乳剂	4000～5000倍液	喷雾	21	2
		12.5%氟环唑悬浮剂	2000～3000倍液	喷雾	14	3
		40%腈菌唑水分散粒剂	4000～4800倍液	喷雾	14	3
		25%多菌灵可湿性粉剂	250～333倍液	喷雾	30	3
砂皮病	坐果后到转色前	80%代森锰锌可湿性粉剂	400～600倍液	喷雾	30	3
		80%克菌丹水分散粒剂	600～1000倍液	喷雾	21	3

（续表）

防治对象	防治时期	农药名称	使用剂量	施药方法	安全间隔期（天数）	最多施用次数（次/季）
砂皮病	新梢抽发期、花谢2/3时、幼果发病前或发病初期	10%氟硅唑水乳剂	1500～2000倍液	喷雾	28	4
	谢花后、幼果期、果实膨大期	25%吡唑醚菌酯悬浮剂	1000～1500倍液	喷雾	14	3
木虱	害虫卵孵化盛期或低龄幼虫期	80亿CFU/毫升金龟子绿僵菌CQMa421	1000～2000倍	喷雾		
	新梢长度0.5～1厘米时，卵孵化盛期及幼虫低龄盛发期	21%噻虫嗪悬浮剂	3360～4200倍液	喷雾	30	2
		10%虱螨脲悬浮剂	3000～5000倍液	喷雾	21	1
		100克/升吡丙醚乳油	1000～1500倍液	喷雾	28	2
		8%甲氨基阿维菌素苯甲酸盐水分散粒剂	3000～4000倍液	喷雾	30	1
粉虱	若虫盛发期	5%啶虫脒乳油	2000～4000倍液	喷雾	21	2
害螨	冬季清园，早春或晚秋发生初期	29%石硫合剂水剂	20～60倍液	喷雾	15	3
		70%螺虫乙酯水分散粒剂	8000～12000倍液	喷雾	20	1

（续表）

防治对象	防治时期	农药名称	使用剂量	施药方法	安全间隔期（天数）	最多施用次数（次/季）
害螨	红蜘蛛防治期为花前2~4头/叶或花后和秋季5~6头/叶；锈壁虱防治期为叶或果上2~3头/视野、当年春梢叶出现受害症状或有锈果出现时	99%矿物油乳油	150~300倍液	喷雾	30	2
		100亿CFU/毫升球孢白僵菌ZJU435	500~1000倍液	喷雾		1
		24%螺螨酯悬浮剂	4000~5000倍液	喷雾	30	1
		20%四螨嗪悬浮剂	1200~2000倍液	喷雾	30	2
		20%甲氰菊酯水乳剂	2000~2500倍液	喷雾	30	2
		50%氟啶胺悬浮剂	1500~2500倍液	喷雾	21	2
		20%乙螨唑水分散粒剂	5000~8000倍液	喷雾	21	1
		50%苯丁锡可湿性粉剂	2000~3000倍液	喷雾	21	2
		5%唑螨酯悬浮剂	1000~2000倍液	喷雾	15	2
蚧类	冬季清园	99%矿物油乳油	150~300倍液	喷雾	30	2
	每叶（果）有成蚧1头时，若虫盛孵化期，若虫1龄盛期	25%噻嗪酮可湿性粉剂	1000~1500倍液	喷雾	35	2
		4.5%高效氯氰菊酯乳油	900倍液	喷雾	40	3

（续表）

防治对象	防治时期	农药名称	使用剂量	施药方法	安全间隔期（天数）	最多施用次数（次/季）
潜叶蛾	低龄幼虫发生始盛期	0.3%印楝素乳油	400～600倍液	喷雾	7	3
	夏梢、秋梢萌发，新枝抽生不超过3毫米，或检查新叶受害率达5%左右时，害虫始盛期、若螨盛发期	25%除虫脲可湿性粉剂	2000～4000倍液	喷雾	35	2
		50克/升氟虫脲可分散液剂	1000～2000倍液	喷雾	30	2
		20%啶虫脒可湿性粉剂	12000～16000倍液	喷雾	14	2
		20%甲氰菊酯水乳剂	2000～3000倍液	喷雾	21	3
	卵孵化盛期至低龄幼虫期	8%甲氨基阿维菌素苯甲酸盐水分散粒剂	3000～4000倍液	喷雾	30	1
柑橘凤蝶	卵孵化盛期至低龄幼虫期	16000 IU/毫克苏云金杆菌可湿性粉剂	150～250克/亩	喷雾		3～5
蚜虫	春秋梢抽发期，虫害发生初期，低龄若虫盛期	1.5%苦参碱可溶液剂	3000～4000倍液	喷雾	10	1
		99%矿物油乳油	150～300倍液	喷雾	30	2
	虫害发生初期	5%啶虫脒可湿性粉剂	2500～3000倍液	喷雾	30	2
	蚜虫盛发期	10%吡虫啉可湿性粉剂	3000～5000倍液	喷雾	14	2
		25%噻虫嗪水分散粒剂	8000～12000倍液	喷雾	14	3

（续表）

防治对象	防治时期	农药名称	使用剂量	施药方法	安全间隔期（天数）	最多施用次数（次/季）
蜗牛	4—6月蜗牛上树前	1%茶籽饼浸出液	700倍液	喷雾	15	1
		1%～5%食盐溶液		树冠喷施		
杂草	杂草发育盛期	30%草铵膦水剂	200～400毫升/亩	定向茎叶喷雾	7	1

注：农药使用以最新版本 NY/T 393《绿色食品 农药使用准则》的规定和农药登记信息为准。

绿色食品 宽皮柑橘绿色防控技术指南

黄振东　茹水江　蒲占湑　林媚　鹿连明　王鹏　温明霞　姚周麟
（浙江省柑橘研究所）

1 生产概况

宽皮柑橘（*Citrus reticulate Blanco*，mandarin）是芸香科柑橘类果树中果皮宽松易剥、便于食用的一个种类，主要包括柑、橘、杂柑品种类群。中国是世界上最大的宽皮柑橘生产国，具有悠久的栽培历史，经济效益显著，目前主要栽培品种有柑类的温州蜜柑、茶枝柑、瓯柑、蕉柑，橘类的椪柑、天台山蜜橘、南丰蜜橘、红橘、砂糖橘，杂柑类的春见、清见、不知火、爱媛28号、天草、大雅柑、蒲江杂柑、临澧杂柑、沃柑、明日见、W默科特、茂谷柑、黄金柑等。我国浙江、福建、江西、湖南、四川、广东、广西、重庆及台湾为宽皮柑橘主要产区。目前，宽皮柑橘绿色生产中尚存在一些突出问题，例如，绿色防控技术不够完善、一些绿色防控技术未得到有效推广等，影响了宽皮柑橘的产品质量和食品安全，故制定其病虫害绿色防控技术指南如下。

2 常见病虫草害

2.1 病害

黄龙病（又称黄梢病）、溃疡病、树脂病（又称黑点病、砂皮病、蒂腐病）、炭疽病、疮痂病、疫霉褐腐病等生长期病害，以及青霉病、绿霉病、酸腐病、炭疽病、褐色蒂腐病和黑心病等贮藏期病害。

2.2 虫害

柑橘红蜘蛛（又称柑橘全爪螨）、锈壁虱、蚜虫、木虱、潜叶蛾、吸果夜蛾（嘴壶夜蛾、鸟嘴壶夜蛾）、实蝇（橘小实蝇）、蚧类（介壳虫）等。

2.3 草害

小飞蓬、马唐、牛筋草、狗尾草等。

3 防治原则

遵循"预防为主、综合防治"的植保方针，加强植物检疫，采用农业防治、生物防治、物理防治以及科学合理的化学防治相结合的绿色综合防控技术，实现有效防控病虫害和宽皮柑橘绿色安全生产的目的。

4 植物检疫

宽皮柑橘主要的检疫性病虫害有黄龙病、蜜柑大实蝇两种。

应严格执行《中华人民共和国进出境动植物检疫法》，禁止带病的接穗、苗木进入无病区和新柑橘种植区，非疫区苗木调运应符合 GB 5040《柑桔苗木产地检疫规程》的有关规定，疫区的果实按照 GB 15569《农业植物调运检疫规程》的规定检疫合格后，方可调运。

5 农业防治

5.1 品种选择

选用纯正的优良株系和适宜的抗病砧木。

5.2 橘园管理

5.2.1 健康栽培

平衡施肥，合理耕作，提高树体营养水平，提高对病虫害的抵抗能力，合理修剪，形成通风透光良好的树体，创造不利于病虫害的滋生的环境。

5.2.2 冬春季清园

冬季清洁橘园，清除枝干上的地衣、苔藓，枯枝落叶以及修剪下的枝梢叶片等带出橘园，减少害虫的越冬场所，中耕松土，降低越冬虫口基数；采果后或春梢萌芽前清园消毒，可选用45%石硫合剂结晶300～500倍液、45%松脂酸钠可溶粉剂80～100倍液或99%矿物油乳油100～150倍液。

5.2.3 生草栽培

因地制宜利用自然生草或人工种植光叶苕子、黑麦草、紫云英、三叶草、金花菜、箭筈豌豆、高羊茅等。光叶苕子播种期为

9月15日至11月10日，播种量3～4千克/亩，较贫瘠地块可适当增加播种量，自然生长，老化后自然覆盖橘园；黑麦草播种期为10月中旬至11月20日，秋季最高温度不超过30℃时播种，播种量2千克/亩，较贫瘠地块可适当增加播种量，自然生长，老化后自然覆盖橘园；紫云英播种期一般为10月1—20日，橘园套种，播种量2千克/亩，老化后自然覆盖橘园；白花三叶草春播播种期为4月中旬至5月中旬，秋播播种期为10月1—30日，播种量1～1.5千克/亩，第一年以培苗为主，培苗成功后，第二年可实现全园覆盖，建植成功后可利用5年左右。

5.2.4 人工抹芽放梢

采用短截、夏梢结合抹芽放梢的方法控夏梢促秋梢，统一放梢，减少病虫害基数。

5.3 防虫网及果实套袋

有条件的橘园设立和安装防虫网，在果实膨大后期套袋。在橘大实蝇或橘小实蝇发生严重地区可采用果实套袋或覆盖防虫网等。

6 物理防治

6.1 灯光诱杀

用黑光灯和频振式杀虫灯诱杀吸果夜蛾、金龟子、卷叶蛾等害虫，在4—11月悬挂频振式杀虫灯，每1～2公顷橘园悬挂一盏。

6.2 趋性诱杀

在害虫发生高峰期，特别是果实转色成熟期，利用诱杀球、诱黏剂等诱杀橘大实蝇和橘小实蝇等害虫；利用黄色和蓝色粘虫板诱杀趋色性的害虫，如采用黄板诱杀蚜虫、粉虱、蜡蝉，采用实蝇专用黄板诱杀橘小实蝇成虫，采用蓝板诱杀蓟马等，每亩橘园悬挂黄色和蓝色粘虫板诱虫板 20～25 张。

6.3 人工捕杀

人工捕捉天牛、蚱蝉、金龟子等害虫。

6.4 寄主诱杀

在嘴壶夜蛾发生严重的地区，可集中种植栽培寄主植物木防己，引诱成虫产卵，再用药剂杀灭幼虫。

7 生物防治

7.1 保护天敌

生草栽培三叶草、藿香蓟、黄花苜蓿、黑麦草、光叶苕子、紫云英等，或间作豆科植物，保持生态多样性，保护和利用草蛉、捕食螨、异色瓢虫、白星姬小蜂等天敌。

7.2 人工释放天敌

人工引移、释放天敌，如用钝绥螨等防治螨类，用松毛虫赤眼蜂防治卷叶蛾，用潜蝇茧蜂等寄生蜂防治橘小实蝇，用异色瓢虫防治蚜虫、木虱等。

7.3 引诱剂、驱避剂防虫

食物引诱剂：如利用糖醋液、蛋白饵剂等自制食物毒饵诱杀橘大实蝇、吸果夜蛾等。

植物驱避剂：如采用香茅油驱避吸果夜蛾。

性信息素引诱剂：如利用甲基丁香酚诱杀橘小实蝇，异柠檬烯诱杀橘大实蝇，顺7,顺11,反13-十六碳三烯醛、顺7,顺11-十六碳二烯醛和顺7-十六碳烯醛混合组成的性信息素诱芯诱杀潜叶蛾，悬挂潜叶蛾性诱器，每亩悬挂性诱器1~2个。

7.4 应用生物源和矿物源农药

尽量采用生物源农药和矿物源农药防治病虫，例如，使用0.1%藜芦根茎提取物可溶液剂1000倍液、5% d-柠檬烯乳油200~500倍液或99%矿物油乳油200倍液防治螨类，使用0.5%小檗碱水剂200倍液防治柑橘青苔等。

8 化学防治

加强病虫预测预报，在主要防治对象的防治适期，选择适当的方式，按照农药产品标签，或按GB/T 8321《农药合理使用准则》、GB 12475《农药贮运、销售和使用的防毒规程》和NY/T 393《绿色食品 农药使用准则》的规定使用农药，控制施药剂量、施药次数和安全期，禁止使用禁用农药。

8.1 宽皮柑橘病害

8.1.1 黄龙病

柑橘黄龙病是一种毁灭性病害，传播蔓延迅速，且现有的柑橘栽培品种都是感病的，因此，防治柑橘黄龙病必须采取综合措施，方能取得良好的效果。①实行检疫。禁止病区苗木及一切带病材料进入新种植区和无病区。②种植无病苗木。③挖除病株。发现病株或可疑病株，应立即挖除，不留残桩，用无病苗进行补植。鉴于目前还没有一种有效的方法能把患有黄龙病的柑橘树治愈，而病树留在田间就是病源，因此，一旦发现黄龙病树立即挖除是防治黄龙病蔓延的重要措施。对每年春、夏、秋3个梢期，尤其是秋梢期，认真逐株检查，发现病株或可疑病株，立即挖除并集中烧毁，挖除病树前应对病树及附近植株喷洒杀虫剂以防柑橘木虱从病树向周围转移传播，发病10%以下的新橘园和发病20%以下的老橘园，挖除病株后可用无病苗补植，发病10%以上的新橘园和发病20%以上的老橘园建议全园挖除改造。④防治柑橘木虱，阻隔黄龙病传播媒介。

8.1.2 溃疡病

柑橘溃疡病的防治重点围绕宽皮柑橘中的杂柑类等易感病品种开展综合防治。喷药防护的重点是夏梢、秋梢抽发期以及幼果期，对易感病园，要掌握春梢、夏梢、秋梢分别在梢长1厘米、2厘米、5厘米时喷第一次农药，以后间隔7～10天再喷1～2次，幼果在谢花后10～15天喷第一次农药，以后间隔15天左右，连续喷药2～3次，遇到台风或暴雨后要及时喷药一次，以便保梢保果，对普通发生园，主要在台风季节或连续下雨时保护果实。

供选择的主要药剂：0.4%～0.7%等量式波尔多液，注意不能与其他农药或微肥混用，喷波尔多液后要间隔15～30天后再喷其他农药；77%氢氧化铜可湿性粉剂500倍液或46%氢氧化铜水分散粒剂1500～2000倍液，注意不能与磷酸二氢钾及微肥混喷；20%噻唑锌悬浮剂500倍液；77%硫酸铜钙可湿性粉剂500

倍液；6% 春雷霉素可溶液剂 600～1000 倍液；50% 喹啉铜水分散粒剂 1500～2000 倍液。药剂宜萌芽前使用，同时，还要注意轮换使用，以防产生抗药性。

8.1.3 树脂病

树脂病的病原为柑橘间座壳菌（*Diaporthe citri*），受其为害会造成柑橘主干、枝条流胶枯死，枝条、果实和叶片出现黑色或红褐色突起的小点或斑块。

柑橘黑点病的综合防控技术如下。①冬季清园：结合冬季修剪，彻底剪除枯枝、病虫枝、徒长枝等，并移出橘园集中销毁，减少初侵染源。②伤口保护：高接换种、大枝修剪等产生的剪锯口，及时涂药保护，药剂可选石硫合剂、波尔多浆等。③防寒防冻：寒潮来临前进行灌水、根颈培土和枝干涂白，涂白可用石硫合剂，防止冻害。④合理施肥：采果后 3～5 天内，成龄树株施 1～1.5 千克复合肥加 15～20 千克有机肥，膨大期根据结果量等再追肥，增强树势。⑤清沟排水：低洼易积水的橘园，采用筑墩栽培，雨后及时开沟排水，降低橘园湿度，防止根系受害而影响树势。⑥喷药保护：通常用 80% 代森锰锌可湿性粉剂 400～600 倍液加 99% 矿物油乳剂 200 倍液，自谢花 2/3 开始第一次喷药，以后根据降雨情况每隔 20 天左右喷药一次，如遇连续下雨，降水量达到 200 厘米以上时须补喷一次，直至果实膨大后期，树冠喷药 4～5 次 / 年。

8.1.4 炭疽病

柑橘炭疽病菌主要为害叶片、枝梢和果实，还会为害花、果柄、大枝、主干和苗木。

在春季花期、幼果期、嫩梢期及果实近成熟期，及时喷药 1~2 次防治，春梢期喷 0.8% 等量式波尔多液，花谢 2/3 时喷 80% 代森锰锌可湿性粉剂 800 倍液或 20% 苯醚甲环唑水乳剂 4000~5000 倍液等，施药后 15 天左右第二次施药，选用可用但未用过的药剂。果实近成熟期可喷 60% 唑醚·代森联水分散粒剂 750~1000 倍液或 30% 唑醚·戊唑醇悬浮剂 2000~3000 倍液等。

8.1.5 疮痂病

柑橘疮痂病的综合防控一般需要喷 3 次药剂。第一次在春芽萌动 2 厘米左右（约 1 粒米大小）时，喷施 60% 唑醚·代森联水分散粒剂 750~1000 倍液或 80% 代森锰锌可湿性粉剂 800 倍液等药剂。第二次在谢花 2/3 时，与第一次轮换用药，喷施保护性药剂 80% 代森锰锌可湿性粉剂 800 倍液或 77% 氢氧化铜 3000 型可湿性粉剂 800 倍液。第三次为幼果期喷药，在第二次药后 3 周左右，可结合黑点病的防治，喷施 30% 唑醚·戊唑醇悬浮剂 2000~3000 倍液或 80% 代森锰锌可湿性粉剂 800 倍液等。

8.1.6 疫霉褐腐病

保持橘园通透性，避免积水，果实膨大期结束后预先喷药，可选择 46% 氢氧化铜水分散粒剂 1500~2000 倍液喷雾防治，对植株喷药的同时对地面也进行喷药防治。

8.1.7 贮藏期病害

柑橘贮藏期病害主要有柑橘青霉病、绿霉病、酸腐病、炭疽病、褐色蒂腐病和黑心病，其综合防控技术如下。①采前喷药：果实采前 15~20 天喷 1~2 次杀菌剂，降低病原基数。②适时采摘：供贮藏用的果实应在九成熟、果面有 2/3 转黄时采收。③药剂处理：使用 50% 抑霉唑乳油 1000 倍浸果 1 分钟后贮藏。

8.2 宽皮柑橘虫害

8.2.1 柑橘红蜘蛛

防治指标：早春萌芽期1~2头/叶；春梢期至花前3~4头/叶；花后至果实膨大期5~6头/叶；果实转色期2头/叶。

化学防治方案如下。①冬春清园：柑橘采摘完成后的冬季与春梢萌芽前可用99%矿物油100~200倍液、0.8~1波美度石硫合剂或松碱合剂8~10倍液等清园。②春梢抽发、初花期：可用110克/升乙螨唑悬浮剂5000~6000倍液、24%螺螨酯悬浮剂4000~5000倍液或0.1%藜芦根茎提取物可溶性液剂1000倍液加99%矿物油乳剂200倍液等药剂。③开花期至生理落果期：可用24%螺螨酯悬浮剂4000倍液、0.1%藜芦根茎提取物可溶液剂1000倍液加99%矿物油乳剂200倍液或30%联肼·乙螨唑悬浮剂5000~6000倍液等药剂。④果实膨大期至采果期：可用43%联苯肼酯悬浮剂2000倍液或24%螺螨酯悬浮剂4000倍液。

8.2.2 锈壁虱

防治指标：叶片或果实在10倍放大镜下每视野可见1~3头锈壁虱，或当年春梢叶背初现被害状，或一片橘园中发现1个果实出现被害状。

防治药剂：5%虱螨脲悬浮剂2000倍液、24%螺螨酯悬浮剂4000倍液或5%唑螨酯悬浮剂1000倍液。

8.2.3 蚜虫

为害柑橘的蚜虫种类有棉蚜、绣线菊蚜、橘蚜、橘二叉蚜和桃蚜等。

防治适期：春、秋新梢期，当新梢有蚜率达到20%时，即喷药防治。

防治药剂：可选用10%吡虫啉可湿性粉剂4000～5000倍液、5%啶虫脒乳油4000～5000倍液、1.5%苦参碱可溶液剂3000～4000倍液或22%氟啶虫胺腈水分散粒剂4500～6000倍液。

8.2.4 木虱

柑橘木虱是传播黄龙病的媒介昆虫，其综合防治方法如下。①柑橘木虱成虫有一定的迁飞移动性，在木虱防治时应做到在一定范围内联防联治。②加强失管橘园防治。鼓励种植户对失管橘园进行改造，改种其他作物；注意挖除九里香、黄皮树等，减少木虱食源，组织统一施药，破坏其繁殖条件。③加强柑橘树冠管理，注意抹芽控梢，促进橘树整齐放梢，从食物条件上限制木虱种群的发生量，减少柑橘木虱生活繁殖的场所。④防护林阻隔木虱。近地面的大风会帮助柑橘木虱迁飞传播，建议在橘园周围栽种防护林，对柑橘木虱的迁飞可起到阻隔作用。⑤冬季清园降低基数。冬季气温低，越冬成虫活动能力弱，采果后至春季发芽前，结合肥水管理和病虫害防治，及时喷药防治木虱，降低越冬虫源基数。药剂可选用10%吡虫啉可湿性粉剂4000～5000倍液或5%啶虫脒乳油4000～5000倍液等。⑥药剂防治。嫩梢抽发期，统一用药集中防治。注意不同农药轮换使用，在喷药防治时，地面、园边草木也要喷洒到位。可选用99%矿物油乳剂200倍液、10%吡虫啉可湿性粉剂4000～5000倍液、5%啶虫脒乳油4000～5000倍液、22%氟啶虫胺腈水分散粒剂4500～6000倍液、22.4%螺虫乙酯悬浮剂4000～5000倍液或25%噻虫嗪水分散粒剂4000～5000倍液等。

8.2.5 潜叶蛾

柑橘潜叶蛾防治的农业措施：统一放梢，抹除夏梢和零星早秋梢，特别是中心虫株要人工摘夏梢和早秋梢。

防治适期：夏梢和秋梢抽发期。

防治药剂：在夏梢或秋梢抽发整齐至1~2厘米时进行防治，可选药剂有5%啶虫脒乳油4000~5000倍液、25%除虫脲可湿性粉剂2000~4000倍液或22%氟啶虫胺腈水分散粒剂4500~6000倍液等。

8.2.6 吸果夜蛾（嘴壶夜蛾、鸟嘴壶夜蛾）

利用吸果夜蛾成虫的趋化性，用糖醋液毒饵诱杀，例如，用甘薯饴糖2份、籼米甜酒1份、烂橘子汁1份、2.5%溴氰菊酯乳油2500倍液20份，充分拌匀后置于钵内，每亩放置4~5个钵，呈梅花形摆布，高度与树冠顶部相近，每天清晨捞出死蛾，隔4~5天换一次药。化学药剂防治可选用4.5%高效氯氰菊酯乳油2250~3000倍液等，隔15~25天喷一次，采收前25天须停用。

8.2.7 实蝇（橘小实蝇）

实蝇（橘小实蝇）的综合防治方法如下。①诱杀雄虫：果实膨大期和转色期是橘小实蝇发生的高峰期，每亩橘园悬挂性诱剂10个左右，离地面1.5米左右，挂在枝叶繁茂的枝条上，大概20~30天换一次性诱剂。②诱杀雌虫：利用黄熟石榴或蛋白类、酵母类、糖蜜类诱饵拌上2.5%溴氰菊酯乳油等药液装入诱笼诱杀雌虫，每10天更换一次诱饵。③药剂毒杀：在果实采收期前1个月左右，使用2.5%溴氰菊酯乳油2500倍液进行喷雾，7~10天一次；在虫害发生初期，可以用2.5%溴氰菊酯乳油2500倍液加水解蛋白毒饵树冠喷雾，可以减少雌虫产卵。④病果销毁：已受害果实回收并统一用石灰销毁深埋，防止幼虫化蛹。

8.2.8 蚧类（介壳虫）

大多数蚧类的若虫期是防治的最佳时期，这期间要经常观察虫情。此时正值宽皮柑橘夏梢抽发期，也是第二次生理落果高峰至幼果生长期，药剂防治能有效降低虫口基数，阻止第一代幼蚧上果、上新梢为害，早春和晚秋分别喷施99%矿物油乳油100～200倍液和22%氟啶虫胺腈悬浮剂4500～6000倍液效果良好，还可选用22.4%螺虫乙酯悬浮剂3500～4500倍液或25%噻嗪酮可湿性粉剂1000～1500倍液等进行防治。

8.3 杂草

生草和自然生草栽培过程中，在夏秋季进行人工刈割的同时，采用50%丙炔氟草胺可湿性粉剂53～80克/亩或18%草铵膦可溶液剂200～300毫升/亩定向茎叶喷雾防治，可适当添加99%矿物油乳剂或5% d-柠檬烯可溶液剂作为助剂，提高除草效果。

附录 A　宽皮柑橘主要病虫害及其为害症状

宽皮柑橘主要病虫害及其为害症状如图所示。

柑橘黄龙病

柑橘溃疡病

柑橘树脂病

柑橘黑点病

柑橘炭疽病

柑橘疮痂病

柑橘疫霉褐腐病

柑橘青霉病　　　　　柑橘绿霉病　　　　　柑橘酸腐病

柑橘红蜘蛛（左）及其田间为害状（右）

锈壁虱（左）及其田间为害状（右）

蚜虫

木虱

潜叶蛾（左）及其为害柑橘果实状（右）

吸果夜蛾（左）及其田间为害症状（右）

橘小实蝇成虫（左）和幼虫（右）

介壳虫

红蜡蚧

矢尖蚧

黄圆蚧

附录 B 宽皮柑橘主要病虫草害防治推荐农药使用方案

可用于防治宽皮柑橘病虫草害的部分药剂及其使用方法详见下表。

宽皮柑橘主要病虫草害防治推荐农药使用方案

防治对象	防治时期	农药名称	使用剂量	施药方法	安全间隔期（天）
清园	早春、晚秋	45%石硫合剂结晶	300～500倍液	喷雾	14～30
	冬季、春季	45%松脂酸钠可溶粉剂	80～100倍液	喷雾	
	柑橘萌芽前	99%矿物油乳油	100～150倍液	喷雾	
溃疡病	新芽2厘米，幼果期	20%噻唑锌悬浮剂	300～500倍液	喷雾	21
		6%春雷霉素可溶液剂	600～1000倍液	喷雾	21
		28%波尔多液悬浮剂	100～200倍液	喷雾	20
		46%氢氧化铜水分散粒剂	1500～2000倍液	喷雾	
		77%氢氧化铜可湿性粉剂	400～600倍液	喷雾	30

（续表）

防治对象	防治时期	农药名称	使用剂量	施药方法	安全间隔期（天）
溃疡病	新芽2厘米，幼果期	77%硫酸铜钙可湿性粉剂	400～800倍液	喷雾	
		50%喹啉铜水分散粒剂	1500～2000倍液	喷雾	21
黑点病	幼果期	80%代森锰锌可湿性粉剂	400～600倍液	喷雾	21
		77%氢氧化铜可湿性粉剂	400～600倍液	喷雾	30
炭疽病	发生初期	30%唑醚·戊唑醇悬浮剂	2000～3000倍液	喷雾	21
		60%唑醚·代森联水分散粒剂	750～1000倍液	喷雾	21
		20%苯醚甲环唑水乳剂	4000～5000倍液	喷雾	28
疮痂病	春芽萌动2厘米左右，谢花2/3时，幼果期	60%唑醚·代森联水分散粒剂	750～1000倍液	喷雾	21
青（绿）霉病	采后浸果	50%抑霉唑乳油	1000～2000倍液	采后浸果	60
青苔病	发病期或发病初期	0.5%小檗碱可溶液剂	100～200倍液	喷雾	7～10
柑橘全爪螨	春季平均每叶2～3头，秋季平均每叶3头时	5% d-柠檬烯可溶液剂	200～300倍液	喷雾	

（续表）

防治对象	防治时期	农药名称	使用剂量	施药方法	安全间隔期（天）
柑橘全爪螨	春季平均每叶2～3头，秋季平均每叶3头时	99%矿物油乳油	100～200倍液	喷雾	
		0.1%藜芦根茎提取物可溶液剂	600～800倍液	喷雾	10
		24%螺螨酯悬浮剂	4000～6000倍液	喷雾	30
		110克/升乙螨唑悬浮剂	5000～6000倍液	喷雾	21
		30%联肼·乙螨唑悬浮剂	5000～6000倍液	喷雾	21
		43%联苯肼酯悬浮剂	1900～2400倍液	喷雾	30
		5%唑螨酯悬浮剂	1000～2000倍液	喷雾	15
锈壁虱	10倍放大镜每视野2～3头时	5%虱螨脲悬浮剂	2000～2500倍液	喷雾	28
		80%代森锰锌可湿性粉剂	600～800倍液	喷雾	21
蚜虫	新梢抽发期	5%啶虫脒乳油	4000～5000倍液	喷雾	14
		1.5%苦参碱可溶液剂	3000～4000倍液	喷雾	10
	初发生期	10%吡虫啉可湿性粉剂	4000～5000倍液	喷雾	30
木虱	新梢抽发期	22%氟啶虫胺腈水分散粒剂	4500～6000倍液	喷雾	14

（续表）

防治对象	防治时期	农药名称	使用剂量	施药方法	安全间隔期（天）
木虱	新梢抽发期	22.4%螺虫乙酯悬浮剂	4000～5000倍液	喷雾	40
		25%噻虫嗪水分散粒剂	4000～5000倍液	喷雾	14
潜叶蛾	夏梢、秋梢抽发期	25%除虫脲可湿性粉剂	2000～4000倍液	喷雾	35
	为害初期	10%吡虫啉乳油	1000～2000倍液	喷雾	14
吸果夜蛾	果实转色期	4.5%高效氯氰菊酯乳油	2250～3000倍液	喷雾	40
橘小实蝇	果实采收期前1个月左右	2.5%溴氰菊酯乳油	2500～5000倍液	喷雾	28
介壳虫	春梢萌芽前（2月中旬至3月上旬）、5月下旬、7月中旬孵化盛期	99%矿物油乳油	100～200倍液	喷雾	100
		22%氟啶虫胺腈悬浮剂	4500～6000倍液	喷雾	14
		22.4%螺虫乙酯悬浮剂	3500～4500倍液	喷雾	40
		25%噻嗪酮可湿性粉剂	1000～1500倍液	喷雾	35
杂草	杂草低龄期	50%丙炔氟草胺可湿性粉剂	53～80克/亩	定向茎叶喷雾	
	杂草发育盛期	18%草铵膦可溶液剂	200～300毫升/亩	定向茎叶喷雾	

注：农药使用以最新版本 NY/T 393《绿色食品　农药使用准则》的规定和农药登记信息为准。

绿色食品 茭白 绿色防控技术指南

胡桂仙[1] 张尚法[2] 赖爱萍[1] 张珏锋[3]

（1.浙江省农业科学院农产品质量安全与营养研究所；2.金华市农业科学研究院；3.浙江省农业科学院植物保护与微生物研究所）

1 生产概况

茭白是我国的第二大水生蔬菜，也是我国的特色水生蔬菜，在国外仅有东南亚地区有零星栽培。茭白的栽培面积较广，分布于全国大多数省份，从地域上主要分为三大产区，第一产区为华东地区，包括浙江、江苏、上海、安徽、福建、江西等省份；第二产区为中南产区，包括湖北、湖南、广东、广西、海南、河南等省份；第三产区为西南产区，包括云南、贵州、四川、重庆等省份。茭白全国常年栽培面积约7.33万公顷，太湖流域栽培最多，其中浙江省栽培面积约3万公顷，占全国种植面积的41%，年产值约30亿元。

近几年，作为乡村振兴重点支持的产业，茭白已在云南、贵州、四川等西南地区开展大面积种植，同时由于气候和种植模式的差异，西南地区的茭白与江浙地区错峰上市，实现周年供应，茭白产业发展势头较好,农民收益显著提升。茭白产业的迅速发展,其绿色生产中存在的问题也日益突出。例如,病虫害严重,绿色防控技术不科学不完善,部分高效防控技术未得到有效推广等,影响了茭白的产品质量,故制定其病虫害绿色防控技术指南如下。

2 常见病虫害

2.1 病害

胡麻斑病、锈病、纹枯病等。

2.2 虫害

二化螟、长绿飞虱、福寿螺等。

3 防治原则

按照"预防为主、综合防治"的原则,根据病虫害发生规律,以保持和优化农业生态系统为基础,优先采用农业措施,尽量利用物理和生物措施,必要时合理使用低风险农药。

4 农业防治

4.1 抗性品种

根据当地的环境条件、种植习惯及市场需求,选择品质优、抗性强、丰产性好的品种。单季茭白宜选用金茭1号、丽茭1号、美人茭等;双季茭白宜选用浙茭3号、浙茭6号、浙茭7号、浙茭8号、浙茭10号、龙茭2号等。

4.2 种墩选择

茭白为无性繁殖，采用种墩分株或薹管育苗的方法进行扩繁，选择优良的种墩有利于延缓或减轻病虫害的发生，是一种最为经济有效的病虫害防控措施。应每年开展种墩选择工作，选择符合品种特征特性、孕茭率高、采收期一致性好、结茭部位低、肉质茎饱满白嫩、无病虫害、无雄茭或灰茭的种墩。

4.3 田园管控

4.3.1 合理密植

不同种植密度对茭白锈病的发生具有明显影响。随着种植密度的减小，茭白的发病初见期推迟，病情减轻。茭白定植采用宽窄行栽培的方式，每亩种植密度控制在 1000~1500 墩，锈病的防治效果较好。

4.3.2 灌水杀蛹

3月下旬至4月中旬，茭白田保持 10~15 厘米深水位，通过深水位杀灭越冬代二化螟幼虫及成虫，降低种植田块中二化螟的发生数量。

4.3.3 适时通风

单季茭白或双季茭白秋茭，每墩保持有效分蘖株 5~10 株；双季茭白夏茭每墩保持有效分蘖株 15~20 株。分蘖株宜均匀分布，以利于通风透光。

双季茭白进行促早栽培时，茭白萌芽后的冬春季节须经常通风降湿，加强炼苗。当棚内温度超过 25℃时须揭边膜通风降温，白天最高气温稳定在 25℃以上时揭顶膜。一般小棚在 3 月下旬揭膜，大中棚在清明前后全部掀膜。

4.3.4 清洁田园

在茭白生长期间，结合中耕除草，及时清除病叶、黄叶和杂草，减少害虫产卵场所和病原基数。及时拔除茭白虫蛀株可减少害虫数量，把病老叶、虫伤株带出茭白田集中处理，可明显减轻病虫害发生。

4.4 合理轮作

茭白连年种植后，病虫害发生越来越严重，尤其是锈病、胡麻斑病等病害。水旱轮作一直以来被认为是克服连作障碍最有效的措施，能够有效控制茭白田病虫害的发生。茭白田连续种植茭白3年以上，可分批与水稻、大豆、蔬菜（豇豆、松花菜、莴笋、茄子等）、食用菌（大球盖菇等）、水果（西瓜等）进行轮作。

5 物理防治

5.1 杀虫灯诱杀

4月上旬至9月下旬为螟虫、长绿飞虱等迁飞性害虫成虫发生期，可采用杀虫灯进行诱杀。杀虫灯的放置具体参照产品说明，一般每25～30亩范围内设置1盏杀虫灯，开灯时间在晚上7—11时防治效果最佳。

5.2 性诱剂诱杀

越冬代二化螟成虫羽化盛期前安装二化螟昆虫性信息素诱捕器。分布密度和诱芯更换周期应按产品说明书执行，一般每亩放置1个诱捕器，连片安放，外密内稀，安装高度以高出茭白植株10厘米为宜。零星发生田块，应结合田间操作，人工摘除螟虫卵块、枯鞘，并带到田外销毁。

5.3 菜籽饼诱杀

在福寿螺幼螺期，将田间水位下降至5厘米以下，按照每亩3～5千克的用量将菜籽饼直接施到耕好的田块中，此法对福寿螺幼螺具有较好的防治效果，由于菜籽饼对水生生物具有较强的毒性，因此套养水生生物的田块禁用。

5.4 人工摘卵

由于福寿螺卵粒须在空气中孵化，母螺产卵时会爬出水面，因此可在田间插高出水面40～60厘米的涂绿竹竿或木条引诱其产卵，竹竿或木条密度根据福寿螺成虫多少增减，结合人工捡螺摘卵进行防治。

6 生物防治

在茭白田边较宽的路边和田埂边种植芝麻、波斯菊、向日葵等蜜源植物，保育害虫天敌。茭白田间套养鸭、鱼、鳖、蟹等防治福寿螺。种植香根草、释放赤眼蜂防治螟虫。释放丽蚜小蜂防治长绿飞虱。

7 化学防治

7.1 茭白病害

按照"生产必需、防治有效、风险最小"的原则使用农药。茭白病害的化学防控应将发病前的预防措施和发病初期的防治措施相结合。

7.1.1 胡麻斑病

茭白胡麻斑病发病前或发病初期可采用25%丙环唑乳油15～20毫升/亩叶面喷雾，间隔5～7天用药一次，连续使用2～3次，孕茭前20天停止用药，用药时田间须有3厘米以上水层，保水5～7天。安全间隔期为21天，每季最多使用3次。

茭白孕茭期用药可能有严重药害，禁止在孕茭期使用丙环唑乳油。丙环唑乳油对鱼类及水生生物具有一定的毒性，因此茭白与甲鱼、蟹、虾等水生生物套养的，不可使用该方法防治。

7.1.2 纹枯病

防治茭白纹枯病可使用24%井冈霉素A水剂1666～2000倍液，在发病初期施药一次，间隔10～14天再施药一次。在晴朗天气可早晚两头趁露水未干时喷药，夜间喷药效果尤佳，阴天可全天喷药，风力大于3级时不宜喷药。施药时和施药后应保持茭白田水深5～7厘米，保水3～5天。安全间隔期为7天，每季最多使用2次。

防治茭白纹枯病也可使用30%的噻呋酰胺悬浮剂2000～2500倍液均匀喷雾植株，在发病初期施药一次，根据病害发生情况，间隔10～14天可再施药一次。大风天或预计1小时内降雨不能施药。噻呋酰胺悬浮剂对鱼类及水生生物具有一定的毒性，因此，茭白与甲鱼、蟹、虾等水生生物套养的，不可使用该方法。安全间隔期为7天，每季最多使用2次。

7.2 茭白虫害

虫害防控应做好田间监测，在虫害发生初期及为害虫态低龄期及时施药防治。建议不同作用机制的杀虫剂轮换使用，以延缓抗性的产生。茭白上登记的杀虫剂一般对蜜蜂等陆生生物及鱼类等水生生物高毒，因此，茭白与甲鱼、蟹、虾等水生生物套养的，不可使用杀虫剂，同时在赤眼蜂等天敌放飞区域禁用。

7.2.1 二化螟

二化螟是茭白上常见的害虫，可采用甲氨基阿维菌素苯甲酸盐进行防治，在害虫卵孵化盛期至2龄幼虫期使用效果较好，温度较高时使用可提高防治效果。使用2%的甲氨基阿维菌素苯甲酸盐微乳剂35～50毫升/亩均匀喷雾，施药后7天左右形成第二次杀虫高峰，根据虫害情况可再施药一次，安全间隔期为14天，每季最多施药2次。

防治茭白二化螟卵孵化高峰期可采用32000 IU/毫克苏云金杆菌可湿性粉剂333～500倍液喷雾，在卵孵化高峰期施药一次，隔5天再施药一次。晴天傍晚或阴天全天使用效果最佳，施药后24小时内如遇大雨须重施，注意均匀喷雾。

茭白二化螟卵孵化高峰期至幼虫1龄可采用40%氯虫·噻虫嗪的水分散粒剂3333～5000倍液喷雾，安全间隔期为10天，每季最多使用1次。

7.2.2 长绿飞虱

长绿飞虱是茭白上的主要迁飞性害虫，受害严重的田块损失率可达80%以上，严重影响茭白的产量和品质。应在虫害始发期至盛发期施药，可选用25%的吡蚜酮可湿性粉剂1666～2500倍液喷雾，该药杀虫作用较慢，施药后3～4天开始见效，安全间隔期10天，每季最多使用1次。

长绿飞虱发生初期可使用25%噻虫嗪水分散粒剂5000～8333倍液喷雾，安全间隔期为10天，每季最多使用1次。

低龄若虫盛发期可使用65%的噻嗪酮可湿性粉剂15～20克/亩均匀喷雾，安全间隔期为14天，每季最多使用1次。

附录 A 茭白主要病虫害及其为害症状

茭白主要病虫害及其为害症状如图所示。

茭白胡麻斑病为害茭白叶片状

茭白纹枯病（左）及其为害茭白叶片状（右）

茭白锈病（左）及其为害茭白叶片状（右）

二化螟幼虫（左）及成虫（右）

长绿飞虱成虫（左）及其为害茭白状（右）

附录 B　茭白主要病虫害防治推荐农药使用方案

可用于防治茭白病虫害的部分药剂及其使用方法详见下表。

茭白主要病虫害防治推荐农药使用方案

防治对象	防治时期	农药名称	使用剂量	施药方法	安全间隔期（天）
胡麻斑病	发病前或发病初期	25% 丙环唑乳油	15～20 毫升/亩	喷雾	21
纹枯病	发病前或发病初期	24% 井冈霉素 A 水剂	1666～2000 倍液	喷雾	7
		30% 噻呋酰胺悬浮剂	2000～2500 倍液	喷雾	7
二化螟	虫卵孵化盛期至低龄幼虫始盛期	5% 甲氨基阿维菌素苯甲酸盐水分散粒剂	10～20 克/亩	喷雾	14
		5% 甲氨基阿维菌素苯甲酸盐微乳剂	35～50 毫升/亩	喷雾	14
		3% 甲氨基阿维菌素苯甲酸盐微乳剂	35～50 毫升/亩	喷雾	14
		2% 甲氨基阿维菌素苯甲酸盐微乳剂	35～50 毫升/亩	喷雾	14
		0.5% 甲氨基阿维菌素苯甲酸盐微乳剂	160～227 毫升/亩	喷雾	14
	虫卵孵化盛期至低龄幼虫始盛期	32000 IU/毫克苏云金杆菌可湿性粉剂	333～500 倍液	喷雾	

（续表）

防治对象	防治时期	农药名称	使用剂量	施药方法	安全间隔期（天）
二化螟	卵孵化高峰期至1龄幼虫	40%氯虫·噻虫嗪水分散粒剂	3333～5000倍液	喷雾	10
长绿飞虱	虫卵孵化盛期至低龄幼虫始盛期	25%噻虫嗪水分散粒剂	5000～8333倍液	喷雾	10
		65%噻嗪酮可湿性粉剂	15～20克/亩	喷雾	14
		25%吡蚜酮可湿性粉剂	1666～2500倍液	喷雾	10

注：农药使用以最新版本NY/T 393《绿色食品　农药使用准则》的规定和农药登记信息为准。

绿色食品 梨 绿色防控技术指南

卢海燕[1] 何鑫[1] 孙晓明[1] 高美静[1] 陈小龙[1] 卞立平[1] 徐伟[2] 王康[2] 孟凡相[2] 陈罗明[3] 毛品宇[4] 屠赞梅[5] 邱常青[6]

[1.江苏省农业科学院农产品质量安全与营养研究所;2.江苏省农垦农业发展股份有限公司;3.溧阳市农业农村局;4.丰县农业农村局;5.泰州医药高新区(高港区)农业农村和水利局;6.东台市新街镇农村工作办公室]

1 生产概况

梨原产我国,被誉为"百果之宗"。梨是我国最重要的水果之一,总面积和总产量仅次于苹果和柑橘,居第三位。我国梨树总栽培面积约90万公顷,年总产量约1800万吨,约占世界梨树总面积和总产量的70%。我国的梨产业具有品种与区域特色,有相应的优势产区,可以区划为"四区四点",所谓"四区"是指华北白梨区(主要包括冀中平原及鲁西北平原)、西北白梨区(主要包括山西东南部、山西黄土高原、甘肃陇东和甘肃中部等)、黄河故道白梨砂梨区(主要包括河南、安徽及江苏北部等)和长江中下游砂梨区(主要包括长江中下游及其支流的四川盆地、湖北汉江流域、江西北部、浙江中北部等);所谓的"四点"是指辽宁南部鞍山和辽阳的南果梨重点区域、新疆库尔勒和阿克苏的香梨重点区域、云南泸西和安宁的红梨重点区域、胶东半岛西洋梨重点区域。近几年随着绿色食品生产技术的推广普及，我国梨果的质量安全水平得到了明显提升，但总体上，我国梨果的绿色食品生产水平不高，高标准的绿色食品生产基地还不多，绿色防控技术不科学不完善，某些高效防控技术未得到有效推广，影响了梨果的产品质量，因此制定其病虫害绿色防控技术指南如下。

2 常见病虫害

2.1 病害

梨黑星病（病原为梨星孢菌）、梨黑斑病（病原为梨链格孢属真菌）、梨轮纹病（病原为梨大茎点菌）、梨炭疽病（病原为果生刺盘孢）、梨锈病（又称赤星病，病原为亚洲梨胶锈菌）、梨煤污病（病原为仁果黏壳孢）、梨火疫病（欧美梨火疫病病原为解淀粉欧文氏菌，亚洲梨火疫病病原为亚洲梨火疫病菌）。

2.2 虫害

梨木虱、梨小食心虫、梨大食心虫、桃小食心虫、山楂叶螨、梨茎蜂、黄粉蚜、绣线菊蚜、梨网蝽、梨瘿蚊等。

3 防治原则

从保护梨园生态系统平衡出发，遵循"预防为主、综合防治"的植保方针，以梨树主要病虫害为防治对象，按气候变化和病虫害发生发展规律选择病虫防治方法，以农业防治、物理防治为基础，提倡生物防治，进行科学合理的化学防治，最大限度地减少用药次数和使用量，在保证食品安全的基础上，对病虫害进行有效控制。

4 农业防治

4.1 选择抗病虫品种

选择具有抗病虫能力的梨树品种，例如雪青、皇冠等抗黑星病品种，是防治梨树病虫害、保障生产的重要措施。

4.2 加强苗木检疫

最好选用脱毒苗木，保障树势健壮、产量高、品种优良等性状。如苗木带有梨根癌病以及枝干病害等，应就地销毁，以免通过苗木传播。

4.3 加强树体管理

通过增施有机肥、生物菌肥等平衡施肥，结合果园废弃物利用、果园生草、覆草等措施培肥地力，使果园土壤有机质含量不低于2%，最好保持在3%以上，使土壤疏松、肥沃，并具有良好的团粒结构。合理修剪，及时修剪主干和侧枝的弱小花芽、徒长枝、病枝等，增加树体通风透光性，增强树势，提高树体对病虫害的抵抗能力。

4.4 清理果园

在每年落叶后，梨树休眠期间，进行冬季修剪，清理病残枝，刮除枝干粗翘皮、病虫斑，全部带出园外并集中销毁，可有效减少梨瘿蚊等虫口数量。清除上年秋季绑缚在树干基部的诱虫带等防控废物并集中烧毁。梨树叶片基本落完时,及时清扫落叶并深埋,可以减少越冬病虫害密度。

4.5 树盘深翻

许多害虫在寒冷季节有钻入地下冬眠的特性,合理深翻,将土中越冬的害虫翻至土表,可破坏病虫害越冬场所,减少越冬虫口基数,亦可改善土壤结构,提高土壤孔隙度,增加深根系分布层,对复壮树势有显著效果。

4.6 保护伤口

对剪锯口、病斑刮除创面及时涂抹石灰乳等保护剂,可有效预防腐烂病、干枯病等病害,防干枯、开裂和雨水侵蚀。

4.7 合理间套作

合理间作,阻断病害侵染链或虫害食物链。梨园周围 5 千米范围内不栽种中间寄主桧柏,可控制梨锈病的发生;不与桃、李等果树混栽,可减轻梨小食心虫的为害。不宜和根系发达、扎根较深的作物间作,宜与梨树共生期较短、矮秆经济作物(如油菜、大豆、花生等)合理套种。

5 物理防治

5.1 灯光诱捕法

利用害虫趋光习性,在梨园安装杀虫灯可有效控制害虫为害程度,如频振式杀虫灯、黑光灯等,可有效减少梨小食心虫、梨茎蜂等虫口密度。杀虫灯建议在害虫高发期晚 7 时开、早 5 时关，既可以诱杀晚间活动高峰期的害虫主体，又减少能源消耗、延长杀虫灯的使用寿命。杀虫灯的悬挂高度应根据梨园内的害虫种类、天敌种类、梨树的高度而定。一般杀虫灯的悬挂高度以位于梨树高度的 2/3 处效果较好，使用期间应及时用毛刷清理灯上的虫垢，袋内虫体深埋或作饲料用。

5.2 糖醋液诱捕法

在树冠内挂糖醋液诱捕器诱杀金龟子、梨小食心虫、梨大食心虫等害虫，如金龟子的诱杀配方是：红糖 0.5 千克、醋 1 千克、水 10 千克、少量白酒（0.2 千克左右）。将配好的糖醋液盛入小盆或碗里，制成诱捕器，用铁丝或麻绳将其悬挂在树上诱杀害虫。

5.3 绑缚草束诱集法

有些害虫（如梨小食心虫）有在树皮裂缝中越冬的习性，可在树干上绑草诱集越冬成虫，集中消灭。

5.4 振树捕捉法

利用某些害虫习性，进行人工捕杀。如金龟子有假死习性，可早晚摇动树干，使其掉落到地面进行集中捕杀。

5.5 悬挂粘虫板

在园区中悬挂黄色和蓝色粘虫板对蓟马、叶蝉、蚜虫、梨茎蜂等大多数小型昆虫的诱杀效果较好。悬挂时，使其稍高于植株或与植株顶部相平，这样对大部分害虫的诱集效果能达到最佳。

5.6 果实套袋

对于主要为害果实的害虫（如梨小食心虫、桃小食心虫和椿象），可及时将果实套袋，以阻止其对果实的为害，同时，套袋可减轻果实黑斑病、轮纹病的发生。

6 生物防治

6.1 天敌的人工释放与助迁

在梨小食心虫、卷叶虫、网蝽等开始活动前，释放寄生性天敌，如赤眼蜂、姬小蜂、蝽象黑卵蜂等，可减轻其为害。该方法在害虫卵发生始盛期使用，分批用大头针将蜂卡插在树干中部阴面的小枝上。防治梨小食心虫的放蜂适期是在利用性外激素诱捕到第一头雄蛾后3～5天，第一次放蜂后隔5天再放一次，共放蜂3～4次，每亩总放蜂量为15万～20万头。

人工助迁自然捕食性天敌，如麦收后在麦田收集大量瓢虫于梨园释放，帮助瓢虫向梨园转移，可以起到控制害虫发生的作用。在选用其他防治方法时注重天敌的保护，合理进行行间生草，创造有利于天敌栖息的环境，构建梨园良好的生态系统。

6.2 选用微生物及农用抗生素类生物农药

梨树病虫害防治可选用的常见微生物农药是苏云金杆菌，又名Bt杀虫剂，可防治多种鳞翅目昆虫的幼虫。农用抗生素类杀菌剂多抗霉素可以防治梨树的多种病害。农用抗生素类杀虫剂对梨木虱、蚜虫、食心虫及螨类都有较好的防治效果。使用生物农药应注意以下几点。①温度：生物农药喷施的理想温度在20℃以上，低于上述温度下喷施难以发挥其作用，往往显不出防治效果。②湿度：环境湿度越大，喷施生物制剂农药的药效越显著，因此在早晚有露水时喷施，生物农药会很好地粘附在茎叶上，芽孢很快繁殖，从而杀死病菌和害虫。③阳光：太阳光中的紫外线对芽孢有致命的杀伤作用，因此应选择在午后4时以后或阴天时使用生物农药。④雨水：芽孢最怕暴雨冲刷，暴雨会使药效降低，所以要根据天气预报避开暴雨施药，但如果在施药5～6小时后下小雨，则有利于芽孢繁殖，可提高防效。

6.3 应用昆虫性外激素

昆虫性外激素，又称昆虫性引诱剂、性诱剂，是雌成虫分泌的用来引诱雄成虫交尾的一种化学物质，只对雄成虫有效，用于害虫防治和预测预报。目前生产上使用的有梨小食心虫、桃蛀果蛾等害虫的性诱剂。

6.4 迷向技术

迷向丝，又称性诱剂迷向散发器，是利用一些雌性昆虫在性成熟时分泌和释放的性信息素引诱同种雄虫前往交配从而进行捕杀的防虫措施。根据不同种类害虫的生活习性和迷向产品使用说明，确定挂迷向丝的密度、高度、悬挂时间以及更换频率。挂迷向丝期间可配合涂抹迷向素，其效果与迷向丝相同，可根据虫害种类与发生时期选择迷向素产品，按照迷向素产品说明使用。

7 化学防治

化学防治是使用化学农药（选用NY/T 393《绿色食品　农药使用准则》推荐用药）防治病虫害。科学的化学防治要求：①科学预测，化学防治病虫害要求确定防治对象，对其发生期进行预测，确定合理的防治时期和方法。②合理选择药剂种类和数量，遵循我国对绿色果品生产中的化学农药使用的相关规定，不得使用未经国家管理部门登记的农药，严禁选用剧毒、高毒、高残留农药，提倡使用生物源农药和矿物源农药，允许使用的农药也要控制使用次数和用量，以避免或减少梨果实中的农药残留。尽量避免在天敌高峰期使用广谱性药剂。

7.1 梨树病害

7.1.1 梨黑星病

花谢70%时是黑星病为害嫩梢、幼果、新叶的高峰期。有效药剂有10%苯醚甲环唑水分散粒剂5000～6000倍液、40%腈菌唑悬浮剂8000～10000倍液、20%氟硅唑水乳剂4000～5000倍液，注意不同类型的杀菌剂交替使用。

7.1.2 梨黑斑病

该病为害持续期较长，一般在落花后至梅雨期结束前都要喷药保护。前后喷药间隔期为10天左右，共喷药7～8次。为了保护果实，套袋前必须喷一次药，喷后立即套袋。有效药剂有3%多抗霉素可湿性粉剂150～600倍液、50%多抗·喹啉铜可湿性粉剂800～1000倍液、35%氟菌·戊唑醇悬浮剂2000～3000倍液等，交替喷雾。

7.1.3 梨轮纹病

温度持续达到20℃以上遇降雨后会产生侵染高峰。谢花后根据降雨情况，结合其他病害的防治，每隔10～15天喷一次杀菌剂，有效药剂有61%乙铝·锰锌可湿性粉剂400～600倍液等。在5—7月结合其他病害进行防治。

7.1.4 梨炭疽病

发芽前喷药铲除带菌树体，使用25%嘧菌酯悬浮剂800～1500倍液，可有效降低初次侵染源。果实套袋前应注意对果面喷洒1～2次内吸性杀菌剂，或结合防治其他病害喷施50%多菌灵可湿性粉剂500～1000倍液等。

7.1.5 梨锈病

在梨树开始展叶至落花后20天内，发病前或发病初期可选用400克/升氟硅唑乳油8000～10000倍液，或与其他病害兼治。阴雨天时，应在雨前喷药防治。

7.1.6 梨煤污病

发病初期，喷施80%克菌丹水分散粒剂600～1000倍液，间隔7～10天，连续防治2～3次，对梨煤污病有较好的防效。

7.1.7 梨火疫病

在库尔勒香梨初花期（5%花开）和谢花期（80%以上花谢）喷药保护，其他时期根据病害发生情况及时用药，可选用5%中生菌素可湿性粉剂800～1000倍液、2%春雷霉素水剂400～500倍液、20%噻唑锌悬浮剂300～400倍液、40%春雷·噻唑锌悬浮剂1000～1500倍液等。用药后遇连续阴雨、冰雹等天气，要及时再喷施1～2次药剂，不同作用机理的药剂交替使用。

7.2 梨树虫害

7.2.1 梨木虱

梨木虱的防治关键在于抓住早期防治，3月初是出蛰盛期，这是化学防治的第一个关键时期。3—4月梨树终花期，这是化学防治的第二个关键时期。在越冬成虫出蛰盛期使用30%石硫·矿物油微乳剂400～600倍液防治。在梨树花序分离期、落花和套袋前,可喷施22.4%螺虫乙酯悬浮剂4000～5000倍液等进行防治。

7.2.2 梨小食心虫

药剂防治的关键时期是各代成虫产卵盛期和幼虫孵化期。在初春时节,与梨木虱兼治可有效杀死越冬代梨小食心虫。在成虫羽化盛期后3～5天喷药防治,推荐使用8000 IU/微升苏云金杆菌悬浮剂200倍液等。

7.2.3 梨大食心虫

药剂防治的关键时期是越冬幼虫转芽、转果期。常用药剂有8000 IU/微升苏云金杆菌悬浮剂200倍液等,也可与其他害虫兼治。

7.2.4 桃小食心虫

防治适期为幼虫初孵期,在钻蛀之前喷施8000 IU/微升苏云金杆菌悬浮剂200倍液,隔7天再喷一次,可取得良好的防治效果或与其他害虫兼治等。

7.2.5 山楂叶螨

在山楂叶螨扩散初期和上树为害期,是药剂防治的关键时期,可使用97%矿物油乳油100～150倍液,或与其他害虫兼治。

7.2.6 黄粉蚜

越冬若虫的防治适期为梨树临近萌芽时,应压低虫口基数。在梨幼果期,特别是套袋前为黄粉蚜防治的关键时期,施药时须注意翘皮缝隙。药剂可选择10%吡虫啉可湿性粉剂4000～5000倍液。

8 废弃物处置

农药、化肥等投入品的包装废弃物和农膜应集中回收处理,避免造成环境污染。

9 生产记录保存

生产记录应妥善保存,一般至少保留 3 年。

附录 A　梨主要病虫草害及其为害症状

梨主要病虫草害及其为害症状如图所示。

梨黑星病

梨黑斑病

梨轮纹病

梨炭疽病

梨锈病

梨煤污病

梨火疫病

梨木虱（左）及其为害状（右）

梨小食心虫（左）及其为害状（右）

梨大食心虫（左）及其为害状（右）

桃小食心虫（左）及其为害状（右）

山楂叶螨（左）及其为害状（右）

梨茎蜂（左）及其为害状（右）

黄粉蚜（左）及其为害状（右）

绣线菊蚜（左）及其为害状（右）

梨网蝽（左）及其为害状（右）

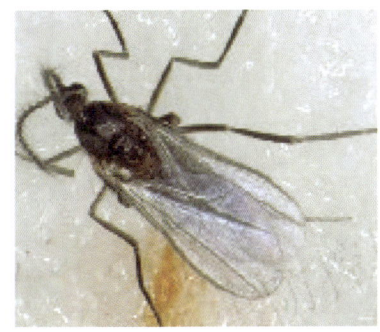 

梨瘿蚊（左）及其为害状（右）

附录B 梨主要病虫害防治推荐农药使用方案

可用于防治梨病虫害的部分药剂及其使用方法详见下表。

梨主要病虫害防治推荐农药使用方案

防治对象	防治时期	农药名称	使用剂量	施药方法	安全间隔期（天）	最多使用次数（次/季）
梨黑星病	发病初期	10%苯醚甲环唑水分散粒剂	5000~6000倍液	喷雾	14	3
	病梢发现期和幼果期	40%腈菌唑悬浮剂	8000~10000倍液	喷雾	21	3
	发病前或发病初期	20%氟硅唑水乳剂	4000~5000倍	喷雾	21	2
梨黑斑病	发病前或发病初期	3%多抗霉素可湿性粉剂	150~600倍液	喷雾	7	3
		50%多抗·喹啉铜可湿性粉剂	800~1000倍液	喷雾	20	4
	发病初期	35%氟菌·戊唑醇悬浮剂	2000~3000倍液	喷雾	14	3
梨轮纹病	落花后第一次施药	61%乙铝·锰锌可湿性粉剂	400~600倍液	喷雾	15	5

(续表)

防治对象	防治时期	农药名称	使用剂量	施药方法	安全间隔期（天）	最多使用次数（次/季）
梨炭疽病	发病初期	25%嘧菌酯悬浮剂	800～1500倍液	喷雾	14	3
梨锈病	发病初期	400克/升氟硅唑乳油	8000～10000倍液	喷雾	21	2
病害	发病初期	50%多菌灵可湿性粉剂	500～1000倍	喷雾	35	2
梨煤污病	发病前或发病初期	80%克菌丹水分散粒剂	600～1000倍液	喷雾	14	3
梨火疫病	发病初期	5%中生菌素可湿性粉剂	800～1000倍液	喷雾		2
梨火疫病	初花期、末花期及谢花后	2%春雷霉素水剂	400～500倍液	喷雾	90	3
梨火疫病	初花期、落花期和幼果膨大期	20%噻唑锌悬浮剂	300～400倍液	喷雾	14	3
梨火疫病	初花期、落花期和幼果膨大期	40%春雷·噻唑锌悬浮剂	1000～1500倍液	喷雾	14	3
梨木虱	害虫低龄期	30%石硫·矿物油微乳剂	400～600倍液	喷雾		
梨木虱	卵孵高峰期	22.4%螺虫乙酯悬浮剂	4000～5000倍液	喷雾	21	2
梨小食心虫	卵孵化盛期至低龄幼虫期	8000 IU/微升苏云金杆菌悬浮剂	200倍液	喷雾		

（续表）

防治对象	防治时期	农药名称	使用剂量	施药方法	安全间隔期（天）	最多使用次数（次/季）
梨大食心虫	卵孵化盛期至低龄幼虫期	8000 IU/微升苏云金杆菌悬浮剂	200倍液	喷雾		
桃小食心虫	卵孵化盛期至低龄幼虫期	8000 IU/微升苏云金杆菌悬浮剂	200倍液	喷雾		
山楂叶螨	卵孵化高峰期	97%矿物油乳油	100～150倍液	喷雾		
黄粉蚜	梨幼果期，特别是套袋前	10%吡虫啉可湿性粉剂	4000～5000倍液	喷雾	7	2

注：农药使用以最新版本NY/T 393《绿色食品 农药使用准则》的规定和农药登记信息为准。

绿色食品 桃
绿色防控技术指南

卢海燕[1] 孙晓明[1] 何鑫[1] 陈小龙[1] 高美静[1] 卞立平[1] 徐伟[2] 王康[2] 孟凡相[2] 陈罗明[3] 毛品宇[4] 屠赞梅[5] 邱常青[6]

[1. 江苏省农业科学院农产品质量安全与营养研究所；2. 江苏省农垦农业发展股份有限公司；3. 溧阳市农业农村局；4. 丰县农业农村局；5. 泰州医药高新区（高港区）农业农村和水利局；6. 东台市新街镇农村工作办公室]

1 生产概况

桃原产于我国，已有几千年的栽培历史。桃是我国主要果树树种之一，栽培面积约1438.7万亩，年产量约1790万吨，栽培面积和产量均居世界首位，在落叶果树中，栽培面积仅次于苹果和梨，居第三位。全国34个省级行政区中，除黑龙江省、内蒙古自治区和海南省外，其他31个省份均有桃的产业化栽培。桃产业具有鲜明的品种和区域特色，已经形成优势栽培产区，可划分为"四带三区"，其中，"四带"指华北中晚熟桃、油桃产业带，黄河流域早中熟桃、油桃产业带，长江流域水蜜桃产业带，以及华南亚热带桃产业带，"三区"指云贵高原特色桃产区、新疆特色桃产区以及东北、西北设施桃产区（温棚桃产区）。为提高桃树病虫害防控效率，减少桃园化学农药使用，降低病虫害对桃产量、品质的影响，改善桃园生态环境，制定其病虫害绿色防控技术指南如下。

2 常见病虫害

2.1 病害

桃褐腐病、桃穿孔病[桃细菌性穿孔病、桃真菌性穿孔病（包括桃霉斑穿孔病、桃褐斑穿孔病）]、桃树流胶病[桃树侵染性流胶病、桃树生理性流胶病（多因冻害、病虫害、机械伤口等引起）]、桃疮痂病、桃炭疽病等。

2.2 虫害

蚜虫（桃蚜、桃瘤蚜、桃粉蚜）、食心虫（梨小食心虫、桃小食心虫、桃蛀螟、橘小实蝇）、叶螨（山楂叶螨、二斑叶螨）、桃潜叶蛾、绿盲蝽、桃红颈天牛、桃小绿叶蝉、桑白蚧、金龟子（铜绿丽金龟、苹毛丽金龟、白星花金龟）等。

3 防治原则

按照"预防为主、综合防治"的植保方针，开展桃病虫害预测预报工作，明确发生规律与防治适期，针对桃不同生育期主要病虫害发生特点，以农业防治和物理防治为基础，提倡生物防治，科学使用化学防治，有效控制病虫为害，实现桃病虫害绿色防控和优质安全生产的目的。

4 农业防治

4.1 植物检疫

选用无检疫性病虫害的苗木,防止检疫性有害生物的传播蔓延。

4.2 品种选择

选用抗病虫、抗逆性强、适应性好的砧木和桃品种。新建桃园宜选择和搭配不同桃树品种,不宜单一品种大面积种植,合理搭配早、中、晚熟品种。

4.3 合理配种

避免桃与梨、苹果、李等混栽,减少梨小食心虫、桃小食心虫、桃蛀螟等害虫的为害;桃园防风林避免选择杨树,减少桑白蚧为害。

4.4 合理修剪

以夏季修剪为主,通过修剪、整枝,改善果园通风透光性,增强树势;生长季节及时摘除病虫枝、叶、果,清除因病虫或其他原因致死的桃树;秋冬季节结合修枝,剪除有病虫的枝条和僵果,减少越冬害虫的数量。

4.5 肥水管理

合理灌水,根据桃生长特性、降水量、土壤性质等因素确定灌水时间和灌水量,干旱季节适当灌水,多雨季节及时排水,降低湿度,提高果园抗旱排涝能力。平衡施肥,增施有机肥,控施氮肥，注意氮磷钾元素的合理搭配，增强树体抵抗病虫害的能力。

4.6 清园控害

落叶后至翌年 3 月上中旬，结合冬季修剪，剪除带虫蛀、虫孔、虫卵以及发病严重、长势弱的枝条，刮除树干和枝干上的粗皮、翘皮、病斑、流胶和伤疤等，清理病虫枝条、枯枝落叶、落果、杂草、解除后的草把、果袋等，并及时收集加以深埋或销毁，减少病菌侵染源和越冬虫源。对树干、大枝刷涂白剂，防止日灼、冻害，防止发生桃树生理性流胶病以及桃红颈天牛成虫在树干产卵，剪锯口、病斑刮除处涂抹石硫合剂等保护剂。

4.7 土壤耕翻

冬季清园后至土壤封冻前，进行适度翻耕，重点翻耕树冠下面和根颈部附近的土层，将在表层或落叶层中越冬的病菌、害虫深翻入土，降低病虫越冬基数，减轻翌年病虫为害。

4.8 果园生草

去除桃园内根系深、高大、木质化程度高、串根性、缠绕性的杂草，选留、种植与桃树无共性病虫害的浅根、低秆植物，以苜蓿、毛苕子等豆科植物以及鼠茅草、黑麦草等禾本科植物为宜，增加桃园的生物多样性。适时刈割，翻埋于土壤或覆盖于树盘，改善土壤结构，提高土壤有机质含量，为害虫天敌繁衍创造适宜的栖息和生存环境。

4.9 阻隔防控

疏果定果后对果实进行套袋，减轻食心虫、桃褐腐病、桃疮痂病、桃炭疽病等病虫的为害。桃园架设防虫网，避免蚜虫、果蝇等为害以及成熟期鸟害。

5 物理防治

5.1 树干绑缚诱集

害虫越冬前，在树干绑缚草把、瓦楞纸或黏胶带等，诱集食心虫、叶螨等害虫，结合冬季修剪解下烧毁。

5.2 灯光诱捕

4—10月，在树冠上方1～1.5米处悬挂黑光灯、太阳能频振式杀虫灯，诱杀具有趋光性的鳞翅目、鞘翅目等害虫。每天傍晚开灯，清晨关闭，及时清理已诱捕害虫。

5.3 色板诱杀

悬挂黄色或绿色粘虫板诱杀有翅蚜虫、桃小绿叶蝉、橘小实蝇等。及时观察粘虫板上的害虫数，并及时清理、销毁，每30天更换一次，害虫高发期每15天更换一次。

5.4 引诱剂诱杀

在梨小食心虫、桃蛀螟、金龟子等害虫发生期，悬挂糖醋液瓶诱杀，糖醋液配制比例为白酒∶红糖∶食醋∶水＝1∶6∶3∶10，悬挂高度1.2～1.5米，及时清理虫体并补充糖醋液。

在橘小实蝇田间成虫出现时，及时在树杈上涂抹饵剂膏体诱杀；也可以使用诱杀桶，桶里悬挂诱剂袋。

5.5 人工捕杀

对为害中心明显、虫口密度大、有假死性和个体较大的害虫，根据其栖息位置、活动习性，采用人工或利用简单器械进行捕杀。对有假死性、群聚性的金龟子，可于成虫发生期，在清晨或傍晚成虫活跃时振动树枝，捕杀成虫。对个体较大、迁飞能力弱的桃红颈天牛，可于清晨露水未干前人工捕捉。在主干或枝干上发现较大虫孔时，使用铁丝从蛀孔刺死或钩杀桃红颈天牛等幼虫。

6 生物防治

6.1 天敌保护和利用

种植吸引天敌的蜜源植物、栖境植物，吸引捕食螨、瓢虫、寄生蜂、花蝽、草蛉、食蚜蝇、蜜蜂等天敌昆虫和授粉昆虫在桃园内定殖，增加天敌种类和数量。选择对天敌安全的农药或生物制剂，在天敌发生初期严格控制用药，尽量少用或不用广谱性农药和对天敌毒杀性高的农药。

人工引入、繁殖、释放天敌，以虫治虫，以螨治螨。在桃蛀螟、梨小食心虫成虫始盛期，释放松毛虫赤眼蜂，每5～7天放蜂1次，每亩放蜂量为2万～3万头/次，每代害虫放蜂2～3次。在蚜虫初发期，释放七星瓢虫、异色瓢虫，每亩释放量为2000头/次，释放2～3次。在叶螨初发期，释放胡瓜钝绥螨，将装有胡瓜钝绥螨的包装袋固定在树冠中间下部枝杈处，每株固定1袋，每袋捕食螨数量大于1500头。

6.2 性诱剂诱杀

根据梨小食心虫、桃小食心虫、橘小实蝇、桃潜叶蛾等害虫发生情况，在树体外围距地面 1.5 米处悬挂相应的性诱剂诱杀。每月更换一次诱芯，及时清理诱捕器内的虫体。

在绿盲蝽发生期，悬挂诱捕器诱杀，每个诱捕器内放 1 个涂有绿盲蝽引诱剂的垫片，诱捕器下端距地面垂直高度 1.5 米，及时添加引诱剂。

桃红颈天牛成虫发生初期，悬挂桃红颈天牛性诱剂诱捕器，诱杀雄性成虫。

6.3 性信息素迷向技术

在梨小食心虫越冬代成虫羽化前，将迷向丝、迷向胶条、迷向膏等放置于树体距地面 2/3 高度处，干扰成虫交配。

6.4 生物农药防治

选择毒性低的微生物农药和植物源农药等，在温度 20℃以上、有露水的傍晚或阴天使用效果较好。

6.4.1 桃褐腐病

在病害发病前或发病初期，选用 10% 小檗碱盐酸盐可湿性粉剂 800～1000 倍液进行喷雾防治。

6.4.2 桃褐斑穿孔病

在病害发病前或发病初期，选用 80% 硫黄水分散粒剂 500～1000 倍液或 20% 春雷霉素水分散粒剂 2000～3000 倍液进行喷雾防治。

6.4.3　桃树流胶病

在萌芽期、初花期、果实膨大期，选用 50 亿 CFU/ 克多粘类芽孢杆菌可湿性粉剂 1000～1500 倍液灌根、涂抹树干进行防治。

6.4.4　蚜虫

在卵孵化盛期或低龄幼虫期，选用 80 亿 CFU/ 毫升金龟子绿僵菌 CQMa421 可分散油悬浮剂 1000～2000 倍液或 0.5% 苦参碱水剂 1000～2000 倍液进行喷雾防治。

6.4.5　食心虫

在卵孵化初盛期、低龄幼虫期或虫害发生高峰期，选用 8000 IU/ 微升苏云金杆菌悬浮剂 200 倍液进行喷雾防治。

6.4.6　山楂叶螨

在虫害发生初期，选用 5% 桉油精可溶液剂 500～750 倍液进行喷雾防治。

7　化学防治

化学防治是使用化学农药进行病虫害防治。加强病虫害的预测预报，根据病虫害发生期、发生量、防治指标，选择在桃上已取得登记且绿色食品允许使用的农药品种，适时按照农药标签要求使用。根据天敌发生情况，使用选择性强或残效期短的杀虫剂。使用时，尽量避开天敌活动盛期，以减少杀虫剂对天敌的伤害。多种病虫害混合发生时，将防治对象不同且相互之间没有拮抗作用的药剂混用，实行总体防控，提高防治效果，降低防治成本。注意不同作用机理的农药交替使用和合理混用，控制一种农药有效成分每年的使用次数，以延缓病菌和害虫产生抗药性。严格遵守农药安全间隔期规定。

7.1 桃树病害

7.1.1 桃褐腐病

在病害发病前或发病初期，选用43%氟菌·肟菌酯悬浮剂1500～3000倍液、24%腈苯唑悬浮剂2500～3200倍液、40%腈菌唑悬浮剂4000～5000倍液或38%唑醚·啶酰菌水分散粒剂1500～2000倍液进行喷雾防治。

7.1.2 桃细菌性穿孔病

在病害发病前或发病初期，选用45%春雷·喹啉铜悬浮剂2000～3000倍液、20%噻唑锌悬浮剂300～500倍液或40%戊唑·噻唑锌悬浮剂800～1200倍液进行喷雾防治。

7.1.3 桃褐斑穿孔病

在病害发病前或发病初期，选用40%唑醚·戊唑醇悬浮剂2500～3500倍液或60%唑醚·代森联水分散粒剂1000～2000倍液进行喷雾防治。

7.1.4 桃疮痂病

在病害发病初期，选用30%苯甲·吡唑酯悬浮剂2000～3000倍液进行喷雾防治。

7.1.5 桃炭疽病

在病害发病初期，选用40%苯甲·吡唑酯悬浮剂2000～3000倍液进行喷雾防治。

7.2 桃树虫害

7.2.1 蚜虫

在嫩叶初展期，选用75%吡蚜·螺虫酯水分散粒剂4000～6000倍液进行喷雾防治；在若虫始盛期，选用46%氟啶·啶虫脒水分散粒剂8000～12000倍液、50%氟啶虫胺腈水分散粒剂15000～20000倍液或20%氟啶虫酰胺悬浮剂3000～5000倍液喷雾防治。

7.2.2 桃红颈天牛

在每代成虫羽化期，选用3%高效氯氰菊酯微囊悬浮剂600～1000倍液进行喷雾防治。

8 废弃物处置

农药、化肥等投入品的包装废弃物和农膜应集中回收处理，避免造成环境污染。

9 生产记录保存

生产记录应妥善保存，一般至少保留3年。

附录 A 桃主要病虫害及其为害症状

桃主要病虫害及其为害症状如图所示。

桃褐腐病

桃穿孔病

桃树流胶病

桃疮痂病

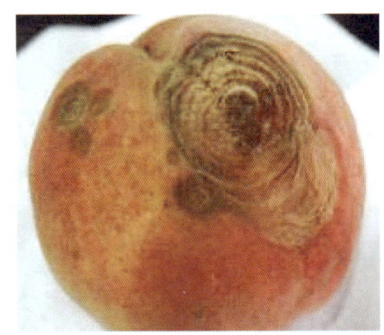

桃炭疽病

蚜虫（左）及其为害状（右）

梨小食心虫（左）及其为害状（右）

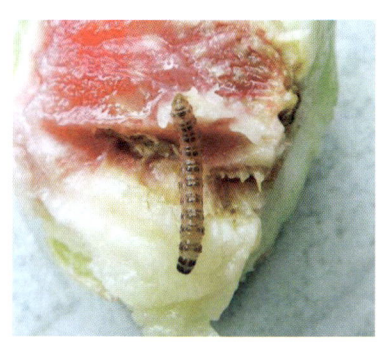 

桃小食心虫（左）及其为害状（右）

桃蛀螟（左）及其为害状（右）

橘小实蝇（左）及其为害状（右）

山楂叶螨（左）及其为害状（右）

二斑叶螨（左）及其为害状（右）

桃潜叶蛾（左）及其为害状（右）

绿盲蝽（左）及其为害状（右）

桃红颈天牛（左）及其为害状（右）

桃小绿叶蝉（左）及其为害状（右）

桑白蚧（左）及其为害状（右）

铜绿丽金龟（左）及其为害状（右）

苹毛丽金龟（左）及其为害状（右）

白星花金龟（左）及其为害状（右）

附录 B 桃主要病虫害防治推荐农药使用方案

可用于防治桃病虫害的部分药剂及其使用方法详见下表。

桃树主要病虫害防治推荐农药使用方案

防治对象	防治时期	农药名称	使用剂量	施药方法	安全间隔期（天）	最多使用次数（次/季）
桃褐腐病	发病前或发病初期	10%小檗碱盐酸盐可湿性粉剂	800～1000倍液	喷雾		
		43%氟菌·肟菌酯悬浮剂	1500～3000倍液	喷雾	14	2
		24%腈苯唑悬浮剂	2500～3200倍液	喷雾		
		38%唑醚·啶酰菌水分散粒剂	1500～2000倍液	喷雾	28	3
	谢花后或发病前	40%腈菌唑悬浮剂	4000～5000倍液	喷雾	30	2
桃细菌性穿孔病	发病前或发病初期	45%春雷·喹啉铜悬浮剂	2000～3000倍液	喷雾		
	发病初期	20%噻唑锌悬浮剂	300～500倍液	喷雾	14	3
		40%戊唑·噻唑锌悬浮剂	800～1200倍液	喷雾	14	3

（续表）

防治对象	防治时期	农药名称	使用剂量	施药方法	安全间隔期（天）	最多使用次数（次/季）
桃褐斑穿孔病	发病前或发病初期	80%硫黄水分散粒剂	500～1000倍液	喷雾	14	4
		40%唑醚·戊唑醇悬浮剂	2500～3500倍液	喷雾	28	3
		60%唑醚·代森联水分散粒剂	1000～2000倍液	喷雾	28	3
桃树流胶病	发病初期	20%春雷霉素水分散粒剂	2000～3000倍液	喷雾	10	3
	萌芽期、初花期、果实膨大期	50亿CFU/克多粘类芽孢杆菌可湿性粉剂	1000～1500倍液	灌根，涂抹病斑		
桃疮痂病	病害发病初期	30%苯甲·吡唑酯悬浮剂	2000～3000倍液	喷雾	14	2
桃炭疽病	病害发病初期	40%苯甲·吡唑酯悬浮剂	2000～3000倍液	喷雾	21	3
蚜虫	卵孵化盛期或低龄幼虫期	80亿CFU/毫升金龟子绿僵菌CQMa421可分散油悬浮剂	1000～2000倍液	喷雾		
	若虫盛发初期	0.5%苦参碱水剂	1000～2000倍液	喷雾		
	嫩叶初展期	75%吡蚜·螺虫酯水分散粒剂	4000～6000倍液	喷雾	90	1
	若虫始盛期	46%氟啶·啶虫脒水分散粒剂	8000～12000倍液	喷雾	14	2
		50%氟啶虫胺腈水分散粒剂	15000～20000倍液	喷雾	14	4

（续表）

防治对象	防治时期	农药名称	使用剂量	施药方法	安全间隔期（天）	最多使用次数（次/季）
蚜虫	若虫始盛期	20%氟啶虫酰胺悬浮剂	3000～5000倍液	喷雾	21	1
食心虫	卵孵化初盛期、低龄幼虫期或虫害发生高峰期	8000 IU/微升苏云金杆菌悬浮剂	200倍液	喷雾		
山楂叶螨	发生初期	5%桉油精可溶液剂	500～750倍液	喷雾		1
桃红颈天牛	成虫羽化期	3%高效氯氰菊酯微囊悬浮剂	600～1000倍液	喷雾	14	1

注：农药使用以最新版本NY/T 393《绿色食品 农药使用准则》的规定和农药登记信息为准。

绿色食品 柠檬 绿色防控技术指南

杨晓凤[1] 刘旭[2] 侯雪[1] 刘茜[1] 王艳蓉[3]

(1.四川省农业科学院农业质量标准与检测技术研究所;2.四川省农业科学院植物保护研究所;3.四川省绿色食品发展中心)

1 生产概况

20世纪50年代初,我国开始在四川安岳大规模连片种植柠檬,近20年来,柠檬在我国四川、重庆、云南、海南、广西、广东和福建等地得到了快速发展,并逐步形成了四川安岳、重庆潼南、重庆万州与云南瑞丽等种植面积相对较大的四大产区,面积占中国柠檬生产总面积的90%左右,产量占中国柠檬总产量的95%左右。截至2018年,我国柠檬种植面积估计在110万亩左右,产量超过90万吨(95%以上是尤力克柠檬及其新系,另有少量的北京柠檬、里斯本柠檬及塔西提柠檬等)。目前,柠檬绿色生产中尚存在一些突出问题,例如,病虫害严重,绿色防控技术不科学不完善,某些高效防控技术未得到有效推广等,影响了柠檬的产品质量,故制定其病虫害绿色防控技术指南如下。

2 常见病虫草害

2.1 病害

黄脉病、炭疽病、树脂病、疮痂病、溃疡病、煤烟病等。

2.2 虫害

柠檬害螨[红蜘蛛（全爪螨）、黄蜘蛛（始叶螨）、锈壁虱（锈螨）]、潜叶蛾、粉虱（黑刺粉虱、柠檬粉虱）、木虱、蚜虫、瘿蚊、介壳虫（矢尖蚧、黑点蚧、吹绵蚧、红蜡蚧、糠片蚧、褐圆蚧等）、实蝇（大实蝇、小实蝇）、蓟马、凤蝶、天牛、根线虫、金龟子等。

2.3 草害

一年生阔叶杂草、禾本科杂草等杂草。

3 防治原则

按照"预防为主、综合防治"的植保原则，在做好柠檬园监测的基础上，做好植物检疫，采用农业措施、物理防治、生物防治以及科学合理的化学防治相结合的绿色综合防控技术，实现控制柠檬病虫草害和柠檬安全生产的目的。

4 植物检疫

严格检疫，禁止检疫性病虫害从疫区传入保护区，新种区不得从疫区调运苗木、接穗、果实和种子，一经发现立即销毁。

5 农业防治

5.1 建园选址

柠檬建园宜选择坡度在20°以下、土壤通透性好、土层深厚、排灌条件良好的地块，土壤微酸性或中性，有机质含量1.0%以上。产地环境应符合NY/T 391《绿色食品 产地环境质量》的要求。

5.2 品种选择

因地制宜，选择抗病性、抗逆性强的品种，如尤力克柠檬、北京柠檬、里斯本柠檬、塔西提柠檬、香水柠檬、青柠檬等，同时选择生长健壮、嫁接亲和力好、抗病虫能力强的砧木类型。适宜柠檬的砧木有香橙、红橘、枳等。碱性土不宜用枳作砧木。

5.3 土肥水管理

5.3.1 土壤管理

宜在秋梢停长后进行深翻扩穴，从树冠外围滴水线处开始，逐年向外扩展0.4～0.5米，深0.5～0.8米。回填时混以有机肥，表土放在底层，心土放在表层，然后对穴内灌足水分。

宜实行生草制，间作物或草类应与柠檬无共生性病虫，以浅根、矮秆的豆科植物和禾本科牧草为宜，适时刈割翻埋于土壤中或覆盖于树盘。忌藤蔓、高秆作物。

5.3.2 施肥

5.3.2.1 施肥方式

采用环状沟施、条沟施、放射状沟施、穴施和土面撒施等方法。在树冠滴水线外侧挖沟,深度20～40厘米。东西、南北对称轮换位置施肥。

5.3.2.2 施肥措施

(1)幼树

以有机肥为主,配合施用氮磷钾肥,少量多次。定植后1年生幼树每年施肥3～4次,每株每次施充分腐熟的有机肥3～5千克。1～3年生幼树每株每年施纯氮0.1～0.6千克、纯磷0.03～0.12千克、纯钾0.05～0.2千克为宜。

(2)结果树

年施肥量以产100千克果计,施纯氮0.6～0.8千克、纯磷0.25～0.35千克、纯钾0.45～0.65千克为宜。2月下旬至3月上旬施萌芽(花前)肥,氮施用量占全年的20%,磷施用量占全年的40%～45%,钾施用量占全年的20%;7月中下旬施稳(壮)果肥,以氮、钾为主,配合施用磷肥,氮施用量占全年的40%～60%,磷施用量占全年的35%,钾施用量占全年的50%;10月至11月上旬施采果肥(基肥),按每株8～10千克施有机肥,再施氮磷钾肥,氮施用量占全年的20%～40%,磷施用量占全年的20%～25%,钾施用量占全年的30%。

5.3.3 水分管理

春梢萌动及开花期和果实膨大期,根据植株对水分的需求和土壤水分状况适时适量灌溉,保持土壤湿度为田间最大持水量的60%～80%。多雨季节或果园积水时应及时进行排水。

5.4 合理修剪

科学整形,合理修剪,保持树冠通风透光良好。修剪工具应专管专用,并进行消毒。未发生柠檬黄脉病的果园,按照幼树期、初结果期、盛果期、衰老更新期不同树龄对果树进行合理的修剪；柠檬黄脉病发病果园暂停或减少修剪，修剪工具可使用次氯酸钠消毒，每修剪一株就消毒一次。

5.4.1 幼树期

以轻剪为主，除对过密枝群作适当疏删外，内膛枝和树冠中下部较弱的枝梢一般均应保留。在中央干延长枝以及各主枝、副主枝延长枝的老熟饱满芽处进行中度至重度短截（短截1/3~1/2），并以短截程度和剪口芽方向调节各主枝之间生长势的平衡。

5.4.2 初结果期

以冬季轻剪为主，辅以摘心和短剪，对过长的营养枝摘心或短截，促发分枝，继续选择和短截处理各级骨干枝延长枝，抹除夏梢和徒长枝，促发健壮春梢和秋梢。

5.4.3 盛果期

以夏季修剪为主，辅以春季抹芽摘心和冬季回缩修剪，减少修剪量，疏除过密枝条，增强树势并调节生长与结果平衡，且便于果实采摘；春季通过适当抹芽或摘心调节春梢或新叶与花蕾、幼果的比例；冬季通过回缩控制树冠和枝组发展。疏剪和回缩后控制株高1.5~2米，冠幅1~1.5米。

5.4.4 衰老更新期

应减少花量，回缩衰弱枝组，疏删密弱枝群，短截夏、秋梢营养枝，促发春、夏、秋梢，并短截强枝、保留中庸枝和疏去弱枝，以恢复树势。

5.5 冬季清园

柠檬采收后剪除枯枝、病虫枝、病虫果，清除地上的枯枝、落叶、病果等，集中销毁或深埋；可使用矿物油、石硫合剂等药剂全园喷雾，减少病虫害越冬基数；同时中耕翻土，杀死柑橘蕾瘿蚊、橘实蕾瘿蚊、实蝇等越冬虫蛹。

5.6 树干涂白

涂白时间分为夏季和冬季。夏季涂白可有效防止强烈的日光灼伤树皮，抑制树干上不必要的萌芽损耗树体养分，起到保水降温作用。冬季涂白可有效防止吉丁虫、天牛等常见害虫在树干上产卵、为害树干，还可有效防止成虫沿树干上爬。

夏季涂白在保果期间，冬季涂白在上冻之前。涂白时应先刮除老旧的树皮。涂白的高度为距离地面 1~1.5 米，重点涂白树干根颈，对树冠不完整的大树、病树、树干南面应着重涂白。普通枝条、当年生枝条不涂白，以免烧坏皮层。

涂白剂配方：5 千克生石灰，0.5 千克石硫合剂，0.1 千克食盐，食用油适量，加水 25 千克，充分搅拌均匀。

6 物理防治

根据害虫生物学特性，采用色板、性诱剂、食诱剂、诱蝇球、频振式杀虫灯、糖醋液等诱杀害虫，并结合果实套袋技术防治病虫害。

6.1 色板诱杀

在 3—10 月害虫发生高峰期，每亩可挂 20~25 张黄色或蓝色可降解粘虫板，高度在柠檬中上部枝条，黄色粘虫板可诱杀柠檬蚜虫和柠檬粉虱成虫；蓝色粘虫板可诱杀蓟马。定期检查粘虫板状况，当粘满害虫或因雨露失去黏性时，及时更换。如果要释放天敌昆虫，应在释放前摘除粘虫板。

6.2 性诱剂诱杀

柠檬秋梢萌芽时，每亩可均匀放置3～5套潜叶蛾性诱剂诱捕器。诱捕器放于树冠内，高度为果树的1/3或2/3。

6.3 食诱剂诱杀

在5—7月实蝇类害虫发生高峰期，每亩可放置3～5套生物食诱剂诱捕器。诱捕器放于行间，高度为果树的1/3或2/3。

6.4 诱蝇球诱杀

3—10月每两株树可挂1个诱蝇球，诱杀实蝇类害虫。

6.5 频振式杀虫灯诱杀

利用成虫的趋光性，于成虫羽化期，每30～50亩柠檬园挂一盏频振式杀虫灯，灯高以接虫口离地面2.5米以上（一般在柠檬树高度以上）为宜，诱杀潜叶蛾、斜纹夜蛾、星天牛、金龟子等害虫。

6.6 糖醋液诱杀

可采用5%甜酒酿+5%红糖+5%醋+5%橙汁+少量杀虫剂溶液，或5%红糖+0.5%白醋+少量杀虫剂溶液，诱杀实蝇类等害虫。

7 生物防治

改善果园生态环境,保护瓢虫、草蛉、捕食螨等天敌;人工引进、繁殖释放天敌,花前引移、释放捕食螨防治害螨;利用氨基寡糖、链蛋白等植物免疫诱抗剂,进行植物免疫诱导,提高柠檬抗病能力,减少化学农药施用次数。人工捕杀天牛、吉丁虫等害虫。

7.1 以螨治螨

7.1.1 捕食螨选择

可选用胡瓜钝绥螨或巴氏钝绥螨控制红蜘蛛、黄蜘蛛、铁壁虱。

7.1.2 捕食螨释放时间

释放前15～20天进行清园,确保释放捕食螨时每叶害螨在2头以下。每年3月中下旬至5月上旬释放一次,发生害螨严重的果园在8月前后再释放一次。傍晚或阴天释放为宜。

7.1.3 捕食螨释放方法

将螨包上方一侧斜线剪开2～4厘米长的细缝,开口稍向下倾斜,固定在不被阳光直射的树冠内基部的第一分叉上,与枝干充分接触。每株释放1包捕食螨。

7.2 植物免疫诱导

结合病害预防,可施用氨基寡糖、链蛋白等植物免疫诱抗剂,提高柠檬抗病能力,减少化学农药施用次数。

8 化学防治

8.1 柠檬病害

加强病虫监测,掌握病虫害发生动态,达到防治指标时根据环境和物候期适时对症用药。使用与环境相容性好、高效、低毒、低残留的农药。提倡使用生物源农药、矿物源农药,并交替使用不同种类的农药。

8.1.1 黄脉病

由柑橘黄化脉明病毒引起的病毒病害。植株发病后,主要表现为老叶扭曲、反转,新叶黄化、叶脉透明,部分幼果上也会出现黄绿斑驳的症状。病毒主要通过嫁接、修枝、采果等农事操作和柠檬粉虱等媒介昆虫传播。

定期监测柠檬黄脉病发生情况,春、秋季节加大监测频次。发现感染病株后,可喷施杀虫剂杀灭柠檬粉虱、蚜虫等媒介昆虫,并将发病植株整株伐除,树桩距地面不超过5厘米。残留树桩呈"十"字剖开,涂刷草铵膦等除草剂后以黑色塑料布密封。病残体集中无害化销毁。

8.1.2 炭疽病

叶片受害有叶斑型和叶枯型两种,叶斑型病斑多发生在叶边缘或叶尖,多为半圆形或近圆形,病部稍下凹,浅灰褐色,与健部界限明显,病斑上常出现排成同心轮纹状的黑色小粒点。叶枯型多在春季发生,病部多在叶尖,初期病斑为暗绿色,后迅速扩大变为黄褐色,逐渐枯死,叶上多生红色小点,常造成叶片腐烂脱落。枝梢受害后为灰白色或淡褐色,其上散生黑色小点。幼果受害出现暗绿色油渍状不规则病斑,后扩大至全果,病斑凹陷,长出白色和土红色霉层,最后使果实腐烂。

可在春芽 2～3 毫米、花谢 2/3 及幼果期,使用 20% 松脂酸铜可湿性粉剂、80% 代森锰锌可湿性粉剂、10% 氟硅唑水乳剂喷雾防治;或在发病前或发病初期,使用 12.5% 氟环唑悬浮剂、65% 代森锌可湿性粉剂、25% 肟菌酯悬浮剂、70% 甲基硫菌灵水分散粒剂、250 克 / 升吡唑醚菌酯乳油喷雾防治。

8.1.3 树脂病

又称流胶病,是柠檬极易感染的一种病害。病状表现为在主干或主枝分叉处的树皮呈现红褐色,下陷,组织松软,分泌带有臭味的黏液;叶片、嫩梢和幼果受害,表面产生黑褐色突起小点,密集成片呈砂粒状,俗称砂皮病、黑点病,发生在果实上称为蒂腐病。树脂病为多种真菌混合侵染所致,镰孢霉、拟茎点霉、腐霉和疫霉等是其主要病原真菌。各种影响果树正常生长的不良因素,都会诱发树脂病发生,如土质黏重或土壤酸度过高、水分不足或过多、供肥不足、偏施氮肥、病虫害防治不及时、冻害、日灼、疏花不当或结果过多等。

可在发病前或发病初期,使用 40% 苯醚甲环唑悬浮剂、80% 克菌丹水分散粒剂、10% 氟硅唑水乳剂进行防治。

8.1.4 疮痂病

新梢、幼叶、幼果、叶片受害状出现油渍状小黄斑,叶背凸起呈漏斗状,叶面凹陷,严重时树梢变短,叶片扭曲畸形,果实出现许多瘤状突起。该病由半知菌亚门真菌引起,主要借风雨及昆虫传播,阴雨多湿是重要的发病条件。

可在春芽 2～3 毫米、花谢 2/3 及幼果期,使用 80% 代森锰锌可湿性粉剂、250 克 / 升嘧菌酯悬浮剂进行防治;或在发病前或发病初期,使用 80% 硫黄水分散粒剂、70% 代森联水分散粒剂、37%苯醚甲环唑水分散粒剂进行防治。

8.1.5 溃疡病

病叶背面出现针头大小淡黄色或暗绿色油渍斑点，后扩大呈圆形斑，在叶正反两面病斑隆起，中央凹陷开裂呈灰褐色烂口状，周围有黄色晕环和暗褐色油渍。该病是细菌引起，主要由风雨、昆虫和枝叶交叉接触传播，高温多湿、阴雨天易诱发该病。

可在发病前或发病初期，使用1000亿CFU/克枯草芽孢杆菌可湿性粉剂、80亿CFU/克甲基营养型芽孢杆菌LW-6可湿性粉剂、5%大蒜素微乳剂、6%寡糖·链蛋白可湿性粉剂、4%春雷霉素可湿性粉剂、86.2%氧化亚铜可湿性粉剂、30%琥胶肥酸铜悬浮剂、77%氢氧化铜可湿性粉剂、30%王铜悬浮剂、30%碱式硫酸铜悬浮剂、77%硫酸铜钙可湿性粉剂、20%乙酸铜可湿性粉剂、223克/升波尔多液悬浮剂、12%中生菌素可湿性粉剂、40%噻唑锌悬浮剂进行防治；或在春梢嫩叶已完全展开、花谢2/3及幼果期，使用20%松脂酸铜可湿性粉剂进行防治；或在梢长1.5～3厘米时，使用15%络氨铜水剂进行防治。

8.1.6 煤烟病

喷雾防治为害叶片、枝梢、果实表面初期呈现一薄层暗褐色霉斑，逐渐扩展并连接，形成毛状突起薄膜状黑色霉层，初期叶片上煤烟层易剥落，有的还有小黑点。该病原属于真菌，以介壳虫、蚜虫、粉虱等分泌的蜜露为养料，并会随着这些害虫的消失而消失。

加强介壳虫、白粉虱、黑刺粉虱、蚜虫的防治，在这些虫害发生时，喷施5%啶虫脒乳油、5%吡虫啉乳油等，消除煤烟病的媒介。

8.2 柠檬虫害

8.2.1 柠檬害螨

红蜘蛛、黄蜘蛛、锈壁虱是柠檬的害螨。

成螨和若螨在树冠外膛，用口器刺破叶片、嫩梢及果实的表皮，吮吸汁液，受害叶片表面呈现许多密集白点，叶片失绿，失去光泽，严重时整树叶变灰白，引起落叶。螨类一年发生15～20代，世代重叠，以春秋两季发生最为严重。

对于红蜘蛛，可在卵孵化盛期或为害初期，使用100亿CFU/毫升球孢白僵菌ZJU435可分散油悬浮剂、0.1%藜芦胺可溶液剂、5% d-柠檬烯可溶液剂、29%石硫合剂水剂、5%唑螨酯悬浮剂、500克/升氟啶胺悬浮剂、22.4%螺虫乙酯悬浮剂、43%联苯肼酯悬浮剂、20%甲氰菊酯乳油、10%四螨嗪可湿性粉剂、5%噻螨酮乳油进行防治；或在盛发期，使用240克/升螺螨酯悬浮剂、110克/升乙螨唑悬浮剂、50%苯丁锡可湿性粉剂进行防治。对于铁壁虱，可在害虫发生初期，使用50克/升虱螨脲乳油进行防治；或在成虫产卵期或幼虫低龄期，使用25%除虫脲可湿性粉剂进行防治。

8.2.2 潜叶蛾

潜叶蛾属鳞翅目潜叶蛾科，是柠檬苗木、幼树和成年树嫩梢的重要害虫。以幼虫为害新梢嫩叶，潜入嫩叶表皮下取食叶肉，形成银白色弯曲的隧道，在中央形成一条黑线，由于虫道蜿蜒曲折，导致新叶卷缩、硬化，叶片脱落，春梢、夏梢、秋梢发生严重。

可在卵孵化盛期至低龄幼虫初发期，使用0.3%印楝素乳油、50克/升氟啶脲乳油、50克/升虱螨脲乳油、4.5%高效氯氰菊酯乳油、40%杀铃脲悬浮剂进行防治；或在夏梢、秋梢、晚秋梢抽发期，大部分新梢长度为 1～3 厘米时，使用 10% 虫螨腈悬浮剂进行防治。

8.2.3 粉虱

粉虱的发生也是在新梢、新叶抽出后，喜欢在嫩叶背面吸汁，惊动易飞，会造成叶片发育不良，大量发生时引起煤烟病暴发。粉虱有白粉虱和黑刺粉虱两种，成虫喜阴暗，迁飞能力强，常在树冠内部幼嫩叶边产卵，卵成白色小粒状。

可在若虫盛发期，使用 5% 啶虫脒乳油进行防治。

8.2.4 木虱

柑橘木虱属同翅目木虱科，是我国柑橘产区重要的新梢期害虫之一，主要为害嫩芽和新梢。成虫、若虫在嫩芽与幼叶上吸食，引起嫩梢干枯、萎缩、新叶扭曲畸形。柑橘木虱是柑橘黄龙病的媒介昆虫，是引起柑橘黄龙病传播、扩散的主要因素。

可在卵孵化盛期或低龄幼虫期，使用 80 亿 CFU/ 毫升金龟子绿僵菌 CQMa421 可分散油悬浮剂或 100 克 / 升吡丙醚乳油进行防治。

8.2.5 蚜虫

蚜虫是柠檬栽植过程中的一种主要害虫，吸附于叶面背面，不断吸食汁液，使叶片卷曲，影响光合作用，造成植株生长受阻。一旦发生蚜虫虫害，除了会抑制叶片生长，还会增加煤烟病、黑刺粉虱、白粉虱等病虫害的发生概率。

可在低龄若虫始盛期，使用 1.5% 苦参碱可溶液剂、95% 矿物油乳油、5% 啶虫脒乳油、5% 吡虫啉乳油、25% 噻虫嗪水分散粒剂进行防治。

8.2.6 瘿蚊

柑橘蕾瘿蚊又称柑橘花蕾蛆,属双翅目瘿蚊科。越冬蛹 3 月羽化出土,产卵于柠檬花蕾,以幼虫蛀食花蕾,受害的花蕾形状如灯笼,不能开放和授粉,后枯萎脱落,影响产量。越冬蛹 4 月中旬至 5 月下旬羽化出土,产卵于柠檬幼果皮层,幼虫孵化后钻蛀到果实内为害,只取食白皮层,不取食果瓣。受害果沿产卵孔有黄色水渍状晕斑逐渐扩散,呈现不均匀的未熟先黄。

果实膨大期定期摘除未熟先黄、黄中带红的疑似虫果,果实成熟期定期清除落地果。虫果可用专用处理袋密封处理或集中撒施生石灰深埋。

8.2.7 介壳虫

介壳虫主要集中在叶背、果实表面吸汁。虫体颜色有红褐色、白色、黑色等,形状有圆形、点形、棉花形状等,包括矢尖蚧、黑点蚧、红蜡蚧、吹绵蚧、褐圆蚧、糠片蚧等。介壳虫发生的果园,通常煤烟病比较严重。树枝密集、互相荫蔽的果园容易发生介壳虫,因此应注意合理修剪,保持果树通风透气。

可在若虫盛孵期,使用 25% 噻嗪酮可湿性粉剂、100 克/升吡丙醚乳油进行防治;或在幼蚧孵化盛期至初龄幼蚧发生期,使用 4.5% 高效氯氰菊酯乳油进行防治。

8.2.8 实蝇

柑橘实蝇属双翅目实蝇科,其幼虫俗称"橘蛆""果蛆",为害柑橘的实蝇有橘大实蝇、橘小实蝇和蜜柑大实蝇,其中前两种发生普遍,是国内外重要的植物检疫对象。

橘大实蝇成虫体长 10～13 毫米,翅展约 21 毫米,全体呈淡黄褐色,复眼金绿色,翅透明,翅脉黄褐色,翅痣和翅端斑棕色产卵管。橘小实蝇成虫体长约 5 毫米,全体深黑色和黄色相间,复眼红棕色，翅透明，翅脉黑褐色，产卵器长。幼虫蛆形，前端尖细，后端圆钝，口沟黑色，一般缩入前胸。成虫产卵于柑橘幼果中，幼虫孵化后在果实内部穿食瓤瓣，使被害果提前脱落，且被害果实严重腐烂，完全失去食用价值，严重影响产量和品质。

可采用诱蝇球、糖醋液诱杀，也可在成虫发生始盛期，使用0.087%甲氨基阿维菌素浓饵剂或1%噻虫嗪饵剂进行防治。

8.2.9 蓟马

成虫、幼虫吸食柠檬的嫩叶、嫩梢、花和幼果。嫩叶受害后，叶片变薄，中脉两侧出现灰白色或灰褐色条斑，表皮呈灰褐色，受害严重时叶片扭曲变形，长势衰弱。花受害后容易引起落花，或是刺激子房的发育，造成果实局部膨大，出现畸形果，呈现不同形状的木栓化银白色斑痕，斑痕随着果实膨大而扩大，从而影响柠檬品质。每年3月开始为害，6—8月盛行，世代重叠明显。

可采用色板诱杀蓟马。

8.2.10 凤蝶

凤蝶属鳞翅目凤蝶科，主要包括玉带凤蝶和达摩凤蝶。该虫在低龄阶段对植株损害很小，但随着幼虫的生长，其食欲逐渐增加，不仅取食新的嫩叶，而且会为害老叶，导致叶片脱落，影响植株生长。

可在卵孵化盛期至低龄幼虫期，使用16000 IU/毫克苏云金杆菌可湿性粉剂进行防治。

8.2.11 天牛

每年5—6月，柠檬天牛进入活动旺盛期，不仅会啃食枝梢嫩皮，而且会严重为害柠檬的树干基部及主根，造成枝干千孔百洞，树势衰弱，甚至植株死亡。多为2～3年发生一代，世代重叠。

可进行人工捕捉，并在羽化盛期，使用40%噻虫啉悬浮剂进行防治。

8.2.12 根线虫

是一种为害植物根茎的线虫纲子线虫亚科动物，它会造成柠檬的根尖部位形成根瘤，且大小不等、形状不规则。初期根瘤为乳白色，后转变成黑褐色。柠檬根线虫病会抑制或者破坏柠檬根系生长，进而造成柠檬树体吸收水分和养分的功能部分丧失，影响树势，减少产量，严重的时候还会整株死亡。

可在新梢抽发前或新根生长时，根线虫发生前或发生初期，撒施2亿CFU/克淡紫拟青霉粉剂进行防治。

8.3 杂草

柠檬园常见杂草包括一年生阔叶杂草及禾本科杂草，可在杂草低龄期使用50%丙炔氟草胺可湿性粉剂，或在杂草发育盛期使用18%草铵膦可溶液剂进行防治。

附录 A　柠檬主要病虫害及其为害症状

柠檬主要病虫害及其为害症状如图所示。

柠檬黄脉病（左）及其为害柠檬树症状（右）

柠檬炭疽病为害柠檬叶片（左）和果实（右）

柠檬树脂病（左）及其为害柠檬叶片（右）

柠檬疮痂病（左）及其为害柠檬果实（右）

柠檬溃疡病（左）及其为害柠檬果实（右）

柠檬煤烟病　　　　　　　　　　柠檬流胶病

红蜘蛛（左）及其为害柠檬叶片与果实（右）

黄蜘蛛（左）及其为害柠檬叶片（右）

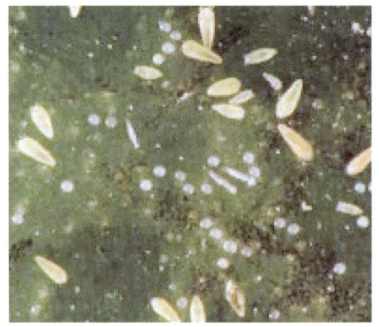 

锈壁虱（左）及其为害柠檬果实（右）

潜叶蛾（左）及其为害柠檬叶片（右）

黑刺粉虱（左）及其为害柠檬叶片（右）

粉虱（左）及其为害柠檬叶片（右）

木虱（左）及其为害柠檬叶片（右）

蚜虫（左）及其为害柠檬叶片（右）

瘿蚊（左）及其为害柠檬花朵（中）和果实（右）

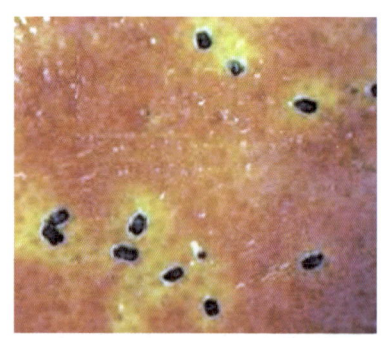

矢尖蚧　　　　　　　　　　　黑点蚧

红蜡蚧　　　　　　　　　　　吹绵蚧

褐圆蚧　　　　　　　　　　　糠片蚧

蓟马（左）及其为害柠檬花朵（右）

橘大实蝇　　　　　　　　　　橘小实蝇

玉带凤蝶

星天牛

根线虫

金龟子

附录 B 柠檬主要病虫草害防治推荐农药使用方案

可用于防治柠檬病虫草害的部分药剂及其使用方法详见下表。

柠檬主要病虫草害防治推荐农药使用方案

防治对象	防治时期	农药名称	使用剂量	施药方法	安全间隔期（天）
炭疽病	春芽2～3毫米、花谢2/3及幼果期	20%松脂酸铜可湿性粉剂	500～800倍液	喷雾	14
		80%代森锰锌可湿性粉剂	400～600倍液	喷雾	30
		10%氟硅唑水乳剂	1000～2000倍液	喷雾	28
		12.5%氟环唑悬浮剂	2000～2400倍液	喷雾	14
	发病前或发病初期	65%代森锌可湿性粉剂	600～800倍液	喷雾	21
		25%肟菌酯悬浮剂	1000～1500倍液	喷雾	35
		70%甲基硫菌灵水分散粒剂	1000～2000倍液	喷雾	21
		250克/升吡唑醚菌酯乳油	2000～3000倍液	喷雾	14

（续表）

防治对象	防治时期	农药名称	使用剂量	施药方法	安全间隔期（天）
树脂病	发病前或发病初期	40%苯醚甲环唑悬浮剂	3000～4000倍液	喷雾	21
		80%克菌丹水分散粒剂	600～750倍液	喷雾	21
		10%氟硅唑水乳剂	1500～2000倍液	喷雾	28
疮痂病	春芽2～3毫米、花谢2/3及幼果期	80%代森锰锌可湿性粉剂	400～600倍液	喷雾	30
		250克/升嘧菌酯悬浮剂	800～1200倍液	喷雾	30
	发病前或发病初期	80%硫黄水分散粒剂	300～500倍液	喷雾	
		70%代森联水分散粒剂	500～580倍液	喷雾	10
		37%苯醚甲环唑水分散粒剂	3000～4000倍液	喷雾	30
溃疡病	发病前或发病初期	1000亿CFU/克枯草芽孢杆菌可湿性粉剂	3000～4000倍液	喷雾	
		5%大蒜素微乳剂	1000～1500倍液	喷雾	
		6%寡糖·链蛋白可湿性粉剂	1000～1330倍液	喷雾	
		4%春雷霉素可湿性粉剂	600倍液	喷雾	21
		86.2%氧化亚铜可湿性粉剂	800～1000倍液	喷雾	21

（续表）

防治对象	防治时期	农药名称	使用剂量	施药方法	安全间隔期（天）
溃疡病	发病前或发病初期	30%琥胶肥酸铜悬浮剂	400～500倍液	喷雾	7
		77%氢氧化铜可湿性粉剂	400～600倍液	喷雾	30
		30%王铜悬浮剂	600～800倍液	喷雾	20
		30%碱式硫酸铜悬浮剂	300～400倍液	喷雾	
		77%硫酸铜钙可湿性粉剂	400～800倍	喷雾	
		20%乙酸铜可湿性粉剂	800～1200倍液	喷雾	45
		223克/升波尔多液悬浮剂	400～480倍液	喷雾	
		12%中生菌素可湿性粉剂	3500～4000倍液	喷雾	
		80亿CFU/克甲基营养型芽孢杆菌LW-6可湿性粉剂	800～1200倍液	喷雾	
		40%噻唑锌悬浮剂	670～1000倍液	喷雾	21
	春梢嫩叶已完全展开、花谢2/3及幼果期	20%松脂酸铜可湿性粉剂	500～800倍液	喷雾	14

（续表）

防治对象	防治时期	农药名称	使用剂量	施药方法	安全间隔期（天）
溃疡病	梢长1.5～3厘米时	15%络氨铜水剂	200～300倍液	喷雾	
红蜘蛛	卵孵化盛期或为害初期	100亿CFU/毫升球孢白僵菌ZJU435可分散油悬浮剂	500～1000倍液	喷雾	
		29%石硫合剂水剂	0.5～1波美度	喷雾	
		0.1%藜芦胺可溶液剂	600～800倍液	喷雾	
		5%唑螨酯悬浮剂	1000～2000倍液	喷雾	15
		500克/升氟啶胺悬浮剂	1500～2000倍液	喷雾	28
		22.4%螺虫乙酯悬浮剂	4000～5000倍液	喷雾	20
		5% d-柠檬烯可溶液剂	200～300倍液	喷雾	
		43%联苯肼酯悬浮剂	1600～2400倍液	喷雾	30
		20%甲氰菊酯乳油	1500～2000倍液	喷雾	30
		10%四螨嗪可湿性粉剂	800～1000倍液	喷雾	14
		5%噻螨酮乳油	1500～2000倍液	喷雾	30

（续表）

防治对象	防治时期	农药名称	使用剂量	施药方法	安全间隔期（天）
红蜘蛛	盛发期	240克/升螺螨酯悬浮剂	4000~5000倍液	喷雾	20
		110克/升乙螨唑悬浮剂	5000~6000倍液	喷雾	21
		50%苯丁锡可湿性粉剂	2000~2500倍液	喷雾	21
锈壁虱	发生初期	50克/升虱螨脲乳油	1500~2500倍液	喷雾	28
	成虫产卵期或幼虫低龄期	25%除虫脲可湿性粉剂	3000~4000倍液	喷雾	28
潜叶蛾	卵孵化盛期至低龄幼虫初发期	0.3%印楝素乳油	400~600倍液	喷雾	
		50克/升氟啶脲乳油	2000~3000倍液	喷雾	21
		50克/升虱螨脲乳油	1500~2500倍液	喷雾	28
		4.5%高效氯氰菊酯乳油	2250~3000倍液	喷雾	40
		40%杀铃脲悬浮剂	5000~7000倍液	喷雾	45
	夏梢、秋梢、晚秋梢抽发期，大部分新梢长度为1~3厘米	10%虫螨腈悬浮剂	1500~2000倍液	喷雾	21

（续表）

防治对象	防治时期	农药名称	使用剂量	施药方法	安全间隔期（天）
粉虱	若虫盛发期	5%啶虫脒乳油	2000～4000倍液	喷雾	21
木虱	卵孵化盛期或低龄幼虫期	100克/升吡丙醚乳油	1000～1500倍液	喷雾	28
		80亿CFU/毫升金龟子绿僵菌CQMa421可分散油悬浮剂	1000～2000倍液	喷雾	
蚜虫	低龄若虫始盛期	95%矿物油乳油	100～200倍液	喷雾	
		1.5%苦参碱可溶液剂	3000～4000倍液	喷雾	10
		5%啶虫脒乳油	4000～5000倍液	喷雾	14
		5%吡虫啉乳油	3000～4000倍液	喷雾	14
		25%噻虫嗪水分散粒剂	8000～12000倍液	喷雾	14
矢尖蚧	若虫盛孵化期	25%噻嗪酮可湿性粉剂	1000～1500倍液	喷雾	35
介壳虫	若虫盛孵化期	100克/升吡丙醚乳油	1000～1500倍液	喷雾	28
红蜡蚧	幼蚧孵化盛期至初龄幼蚧发生期	4.5%高效氯氰菊酯乳油	750～900倍液	喷雾	40

（续表）

防治对象	防治时期	农药名称	使用剂量	施药方法	安全间隔期（天）
小实蝇	成虫发生始盛期	0.087% 甲氨基阿维菌素浓饵剂	100～200毫升/亩	投饵	
		1% 噻虫嗪饵剂	80～100克/亩	定点投饵	
凤蝶	卵孵化盛期至低龄幼虫期	16000 IU/毫克苏云金杆菌可湿性粉剂	150～250克/亩	喷雾	
天牛	羽化盛期	40% 噻虫啉悬浮剂	3000～4000倍液	喷雾	21
根线虫	新梢抽发前或新根生长时，根线虫发生前或发生初期	2亿CFU/克淡紫拟青霉粉剂	10.5～15千克/亩	撒施	
杂草	杂草低龄期	50% 丙炔氟草胺可湿性粉剂	53～80克/亩	定向茎叶喷雾	
	杂草发育盛期	18% 草铵膦可溶液剂	200～300毫升/亩	定向茎叶喷雾	

注：农药使用以最新版本 NY/T 393《绿色食品 农药使用准则》的规定和农药登记信息为准。

绿色食品 人参果 绿色防控技术指南

丁铭 苏晓霞 张绍智 赵志坚 钟静 李婷婷 郑雪
（云南省农业科学院生物技术与种质资源研究所）

1 生产概况

人参果又名香瓜茄、香艳梨和南美仙桃，是茄科茄属的多年生草本植物，原产地为南美洲安第斯山北麓，哥伦比亚、智利、秘鲁和厄瓜多尔等国家均有种植。

我国于20世纪80年代引入人参果进行栽培、试种，广泛分布于云南、甘肃、宁夏、四川、江苏、湖北、湖南、吉林、河北、广西和青海等地，其中云南昆明石林县、甘肃武威民勤县为代表性产区。2022年，石林县种植面积已超过15.6万亩，产量达到25.1万吨，品牌价值达15亿元，成为全国最大的人参果种植地区。2023年，民勤县温室人参果种植面积1.58万亩，产量3.9万吨，产值1.7亿元。此外，云南曲靖、红河、德宏、临沧、普洱、文山、西双版纳、楚雄、玉溪和保山在春季或冬春季均有规模化种植；甘肃酒泉已有上千座日光温室种植人参果，每座日光温室年均纯收入可达3.8万～4.2万元，最高可达6.0万元。全国种植面积持续增长中。

人参果可露地栽培，也可冬季阳光温室栽培。目前，人参果绿色生产中尚存在一些突出问题，例如，病虫害严重，绿色防控技术不科学、不完善，某些高效防控技术未得到有效推广等，影响了人参果的产品质量，故制定其病虫害绿色防控技术指南如下。

2　常见病虫草害

2.1　病害

卵菌病害包括晚疫病等。真菌病害包括炭疽病、灰霉病等。病毒病害包括茄花叶病毒、烟草花叶病毒、凤果花叶病毒、苜蓿花叶病毒、黄瓜花叶病毒、烟草脉带花叶病毒、辣椒脉斑驳病毒、马铃薯Y病毒、马铃薯M病毒、马铃薯S病毒、马铃薯H病毒等。线虫病害包括根结线虫、花生线虫、爪哇线虫等。

2.2　虫害

螨类（二斑叶螨等）、烟粉虱、蓟马（西花蓟马、花蓟马等）、蚜虫、鳞翅目昆虫（斜纹夜蛾等）、斑潜蝇等。

2.3　草害

马唐、牛筋草、狗尾草、旱稗、千金子、画眉草、看麦娘、早熟禾、狗牙根、空心莲子草、铁苋菜、马齿苋、苍耳、青葙、苘麻、莎草、繁缕、猪殃殃、反枝苋、刺苋、酸模叶蓼、蒺藜、藜、灰绿黎、龙葵、鸭跖草、野西瓜苗、荠菜、蒲公英、小旋花、牵牛花、苋草、小飞蓬、扁蓄、苦荬菜、苦苣菜、小蓟、车前草等。

3 防治原则

按照"预防为主、综合防治"的植保原则,在应用健康脱毒种苗的基础上,采用农业措施、物理防控和生物防治相结合的绿色综合防控技术,实现有效控制人参果病虫害的目的。

4 农业防治

4.1 应用脱毒健康种苗

生产中人参果通常采用扦插繁殖育苗,无性繁殖造成人参果病害通过种苗途径传播蔓延,因此应用脱毒健康种苗可以从源头控制病害发生,尤其是病毒病,同时推广应用健康种苗可以提高植株抗耐真菌和细菌病害的能力,从而降低病害的为害程度。

4.2 抗耐病品种

选用具有抗性的人参果品种,有利于延缓或减轻病虫害的发生,是一种最为经济有效的病虫害防控措施。目前人参果认定品种较少,可从植株表现来判断。一般情况下,植株叶片大且肥厚,颜色深绿的直立型品种比较抗病,而植株叶片细长且较薄,叶色黄绿的匍匐型品种容易感病。

4.3 田间管理

4.3.1 保健栽培

人参果种苗繁育,包括优良品种脱病毒核心苗制备、健康组培苗扩繁、健康扦插苗扩繁等步骤。扦插繁殖种苗时,均须在具有防虫隔离网的温网室内进行,尽可能防止传毒昆虫和病原菌进入育苗棚。育苗产地应远离茄科作物及其他病毒中间寄主植物，育苗所用的基质、育苗盘等必须严格消毒，应使用不带病原的育苗盘。农具消毒可用 0.1% 高锰酸钾溶液浸泡 8～10 小时，晾干后使用。

培育壮苗，定植时剔除带病、带虫的种苗，选择健壮植株移栽。虽然人参果是多年生草本植物，但生产中应采用每年重新种植模式，减少病虫害积累。

育苗（炼苗）期，可喷施 0.2% 磷酸二氢钾，芸薹素内脂 2500～3000 倍，每周 1～2 次；长出 2～3 片叶后可浇施 0.1%～0.2% 的水溶复合肥（N-P-K：15-15-15）1～2 次。

人参果通常采用多枝蔓匍匐栽培和架引蔓栽培两种种植模式，都有抹除部分侧芽的过程。操作过程中须戴手套，每完成一株的侧芽抹除，用肥皂水或其他消毒溶液喷洒手套杀菌消毒，降低病害交叉侵染的可能。

4.3.2 田园清洁

育苗前苗床须进行严格消毒灭菌。移栽种植前，土壤深翻细碎、中耕除草，可杀死部分害虫。

病残体和周边杂草是病虫害的主要来源，因此，及时清除病残体及杂草，带出田外，并集中深埋或销毁，切断病虫害侵染循环途径，这是减少人参果发病的关键措施。

4.3.3 通风除湿

人参果真菌病害通常发生在地势低洼、通风不良、排水不畅的田块，发病较重；土壤贫瘠或黏重，植株生长瘦弱，病害易发生；种植过密或修枝整形不到位，通风透光不良，会增加田间小环境湿度，易发病；氮肥施用过多引起植株徒长，易发病；连作地块比轮作地块发病重，前茬是烟草、番茄、马铃薯等茄科作物的地块发病也较重。

要根据墒情补水时尽量小水浇灌，防止淹水、积水和串灌。生长过密时须去除行间老叶，提高田间通风透光能力；露天栽培时，多雨地区宜进行高畦栽培，促进排水。日光温室栽培时，当种植人参果的温室或大棚内空气湿度在 90% 以上时，须及时通风除湿。该措施可明显减轻栽培中真菌性病害的发生程度。

4.4 合理轮作

新种植人参果的田块不与前茬烟草、辣椒、番茄、马铃薯及人参果田块连作；选择 3 年及以上未种植茄科类作物的田块进行人参果育苗或移栽种植；或实行水旱轮作，或与玉米等其他非寄主植物轮作，该措施可有效减轻病害发生程度。

5 物理防治

5.1 高温覆膜

选择太阳光照强烈的晴好天气，采用厚 0.1 毫米以上，宽 120 厘米的遮光膜进行覆膜盖土并破膜掏苗。膜的面积要能完全覆盖起墒面积，四周用土壤压盖严实。

5.2 防虫网阻隔

针对冬季日光温室栽培田块，可在温室的通风口处设置 50 以上筛目的防虫网，防止蚜虫、烟粉虱、蓟马等昆虫进入育苗棚传播病毒病原。

5.3 粘虫板诱杀

对于烟粉虱、蓟马和蚜虫为害为主的田块，可选择悬挂有色粘虫板进行诱杀，每亩使用 20～30 片，悬挂于植株上部 20 厘米处。粘虫板上粘满害虫或者失去黏性时及时进行更换。如果要释放天敌昆虫，应在释放前摘除粘虫板。

5.4 器械控害

鳞翅目昆虫成虫羽化期，在连片种植的人参果田悬挂频振式杀虫灯，每 1～2 公顷挂一盏灯，接虫口距离地面 100～150 厘米为宜；或设置性诱剂进行诱杀，挂放高度高于地面 80～100 厘米，1 个月更换一次诱芯，减少田间落卵量，减少幼虫数量。

有条件的地方，在棚室内悬挂多功能植保机，其产生的臭氧快速扩散到整个空间，对于灰霉病、疫病及虫害等均有杀灭作用，一台多功能植保机可控制面积 500～800 米^2。

6 生物防治

6.1 天敌生物防虫

在螨类、蓟马和粉虱发生时，可根据当地条件选择释放捕食螨进行防治，按照 0.5 头 / 米^2 的数量释放，14 天后再释放一次；监测到每株有 1～2 头蓟马时，按照 1～2 头 / 米^2 的数量释放，7 天后再释放一次；害虫发生严重时，按照 100～300 头 / 株的数量释放。

蚜虫为主的田块，可释放蚜茧蜂、瓢虫、食蚜蝇、食蚜瘿蚊、小花蝽、草蛉等天敌进行防治。

6.2 性诱剂诱杀

6—11 月采用诱集器诱捕夜蛾类等害虫。4—5 月为早期防治关键期。放置时，挂放高度高于地面 80～100 厘米，1 个月更换一次诱芯，每亩安装 1～2 个。大棚使用诱捕器时要挂在上风口。

6.3 生物药剂防治

生物药剂防治主要是采用天然动植物源生物制剂防治病虫害，以及采用益生菌和微生物发酵菌肥进行土壤改良并防止病害发生。有益菌和生物菌肥可使土壤中的有益菌群增多，促进土壤中有益菌落的形成，有益菌落分泌的酶能抑制土传病害的发展和传播，同时生物菌肥还能活化土壤，有利于人参果根系生长，使植株生长健壮，提高植株抗线虫、抗土壤中致病菌的能力。鳞翅目类害虫可用 8000 IU/毫克苏云金杆菌可湿性粉剂 50～100 克/亩喷雾进行防治。

7 化学防治

在必要情况下，根据病虫害预测预报进行应急性的化学防治。应选择在人参果或蔬菜上登记且绿色食品允许使用的农药品种，按农药标签使用，注意轮换用药，并严格遵守农药安全间隔期规定。具体以中国农药信息网（www.icama.org.cn/）登记的信息为准。

7.1 病害防治

人参果多种病害可在病害发病初期喷施 36% 甲基硫菌灵悬浮剂 400～1000 倍液、80% 代森锌可湿性粉剂 80～100 克/亩或

80% 三乙膦酸铝可湿性粉剂 117.5～235 克/亩进行防治。

7.2 虫害防治

防治蚜虫可在蚜虫始盛期喷施 10% 吡虫啉可湿性粉剂 5 克/亩或 4.5% 高效氯氰菊酯乳油 5～27 毫升/亩进行防治。

小菜蛾、菜青虫可在卵孵化盛期至低龄幼虫期喷施 4.5% 高效氯氰菊酯乳油 15～40 毫升/亩或 40% 辛硫磷乳油 50～75 毫升/亩进行防治。

其他多种害虫，可在害虫低龄幼虫盛发期喷施 18% 杀虫双水剂 200～250 毫升/亩防治。

附录 A　人参果主要病虫草害及其为害症状

人参果主要病虫草害及其为害症状如图所示。

人参果疫病

人参果炭疽病

 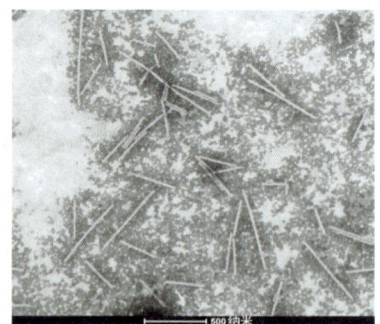

人参果病毒病（左）及其杆状病毒（右）

  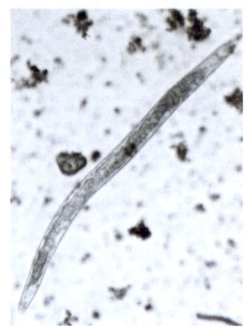

线虫为害后人参果叶片发黄枯萎（左）、线虫为害根部（中）以及线虫病原（右）

绿色食品 人参果 绿色防控技术指南

蚜虫（右）及其为害人参果花（左）

蓟马　　　　　　　　　　美国斑潜蝇为害人参果叶

螨类（左）及其为害人参果叶片（中）和花序（右）

· 253 ·

粉虱成虫（左）和卵（中）及其为害人参果叶片（右）

杂草为害露天种植的人参果

附录B 人参果主要病虫害防治推荐农药使用方案

可用于防治人参果病虫害的部分药剂及其使用方法详见下表。

人参果主要病虫害防治推荐农药使用方案

防治对象	防治时期	农药名称	使用剂量	施药方法	安全间隔期（天）
多种病害	发病初期	36%甲基硫菌灵悬浮剂	400~1000倍液	喷雾	
		80%代森锌可湿性粉剂	80~100克/亩	喷雾	21
霜霉病	发病前和发病初期	80%三乙膦酸铝可湿性粉剂	117.5~235克/亩	喷雾	3
蚜虫	始盛期	10%吡虫啉可湿性粉剂	5克/亩	喷雾	14
菜蚜	始盛期	4.5%高效氯氰菊酯乳油	5~27毫升/亩	喷雾	7
多种害虫	低龄幼虫盛发期	18%杀虫双水剂	200~250毫升/亩	喷雾	15
小菜蛾、菜青虫	卵孵化盛期至低龄幼虫期	8000 IU/毫克苏云金杆菌可湿性粉剂	50~100克/亩	喷雾	
		4.5%高效氯氰菊酯乳油	15~40毫升/亩	喷雾	7

（续表）

防治对象	防治时期	农药名称	使用剂量	施药方法	安全间隔期（天）
菜青虫	发生期	40%辛硫磷乳油	50～75毫升/亩	喷雾	5

注：农药使用以最新版本NY/T 393《绿色食品 农药使用准则》的规定和农药登记信息为准。

绿色食品 苹果 绿色防控技术指南

聂继云　刘明雨　李晓明　王堃宇　帅梦颖

（青岛农业大学）

1 生产概况

苹果为蔷薇科苹果属的多年生木本植物，是我国第二大果树（仅次于柑橘）和第一大落叶果树。在我国，苹果种植面积约3000万亩，以陕西、山东、甘肃、山西、河南、辽宁、河北、新疆8个省份种植面积最大，形成了渤海湾优势区、黄土高原优势区、黄河故道和秦岭北麓传统产区、西南冷凉高地产区、新疆特色产区。目前，苹果绿色生产中尚存在一些突出问题，例如，病虫害严重、绿色防控技术不完善，某些高效防控技术尚未推广普及，影响了苹果的产品质量，故制定病虫害绿色防控技术指南如下。

2 常见病虫害

2.1 病害

苹果斑点落叶病（又名苹果轮斑病，病原为子囊菌无性型链格孢属真菌）、苹果轮纹病（又名粗皮病、轮纹烂果病，病原为子囊菌门葡萄座腔菌属真菌）、苹果炭疽病（又名苹果苦腐病、苹果晚腐病，病原为子囊菌门小丛壳属）、苹果褐斑病（又名苹果绿缘褐斑病，病原为子囊菌门双壳属真菌）、苹果白粉病（病原为子囊菌门叉丝单囊壳属真菌）、苹果树腐烂病（病原为子囊菌门黑腐皮壳属真菌）等。

2.2 虫害

害螨类[优势种为苹果全爪螨（又名苹果红蜘蛛）和山楂叶螨（又名山楂红蜘蛛）]、桃小食心虫（又名桃蛀果蛾）、蚜虫类[优势种为绣线菊蚜（又名苹果黄蚜）、苹果绵蚜（又名血色蚜虫）和苹果瘤蚜（又名卷叶蚜虫）]、金纹细蛾（又名苹果细蛾）等。

3 防治原则

按照"预防为主、综合防治"的植保原则，在做好植物检疫（禁止从苹果绵蚜疫区调运苗木和接穗）和田间监测的基础上，采用农业防治、物理防治、生物防治和科学合理的化学防治相结合的绿色综合防控技术，实现控制苹果病虫害和达到苹果安全生产的目的。

4 农业防治

4.1 消除寄主

果园及周围不种植苹果病虫害的其他寄主，如板栗、刺槐、海棠、核桃、花红、桧柏、蓝莓、梨、李、梅、木瓜、葡萄、沙果、山定子、山楂、石榴、柿、酸枣、桃、杏、绣线菊、樱桃、榆叶梅、枣等。

4.2 增强树势

根据当地自然条件，选择适宜的砧木和优良品种。栽植无病毒苗木。增施有机肥、避免偏施氮肥，合理负载，使苹果树树势健壮。

4.3 降低湿度

合理密植，剪除过密枝、徒长枝，改善树体通风透光条件。地势低洼果园，雨后及时排水，避免园内积水。

4.4 清洁果园

适时刮除枝干上翘皮、粗皮、老皮、病皮、病瘤、病斑，剪除死果台、病虫梢，摘除病虫果、病虫芽、病虫叶，清除根蘖、死树、残桩、枯枝、病枝、落叶、病果、僵果，集中烧毁或深埋。

4.5 保护伤口

对剪锯口用甲硫·萘乙酸涂抹剂或膏剂等农药进行涂抹保护。

4.6 果实套袋

进行果实套袋，防止轮纹病、炭疽病、桃小食心虫等病虫害为害果实。

5 物理防治

5.1 利用防护网防虫

果园架设防虫网防虫。

5.2 利用色、光和糖醋液诱杀害虫

用色板诱蚜、银灰色薄膜避蚜。设置黑光灯、杀虫灯，诱杀鳞翅目的蛾类、同翅目的蝉类、鞘翅目的金龟子等害虫。将盛有糖醋液（配方为适量杀虫剂、6份糖、3份醋、1份酒、10份水）的容器悬挂于树上，诱杀梨小食心虫、金龟子、卷叶蛾等害虫。

5.3 利用越冬习性诱杀害虫

树干捆扎草束、破布、废报纸等物，诱集害虫（山楂叶螨、二斑叶螨、梨小食心虫、梨星毛虫等）越冬，翌年出蛰前解下捆扎物，集中销毁，消灭越冬害虫。树盘铺黑色地膜，阻止在土壤中越冬的桃小食心虫等害虫出土为害。

5.4 低温冷藏防病

苹果贮藏时，剔除病果，低温冷藏，预防贮藏期轮纹病发生。

6 生物防治

6.1 保护利用天敌

进行行间生草，创造有利于天敌栖息的环境。选用对天敌无害或伤害较小的农药，尽量少用广谱性杀虫剂。利用捕食螨、蓟

马、花蝽、草蛉、瓢虫等防治害螨，利用瓢虫、草蛉、食蚜蝇等防治蚜虫，利用跳小蜂等防治金纹细蛾。

6.2 性诱剂防虫

利用性诱剂诱杀桃小食心虫成虫，每亩设 5~7 个诱捕器，置于树体外围树高 2/3 处。

6.3 生物农药防虫

在一代桃小食心虫产卵高峰期，用金龟子绿僵菌可湿性粉剂进行喷雾防治。

7 化学防治

所用化学农药应是在苹果上已登记，且在 NY/T 393《绿色食品 农药使用准则》允许使用的农药清单中，使用方法以农药产品说明书为准。

7.1 苹果病害

通常发病前、发病初期是苹果病害化学防治的关键时期。根据病害特性及发生情况，选用合适的农药和方法，及时防治。

7.1.1 苹果斑点落叶病

发病前或发病初期，选用 430 克/升戊唑醇悬浮剂、80% 代森锰锌可湿性粉剂、50% 多·锰锌可湿性粉剂或 10% 苯醚甲环唑水分散粒剂等农药进行喷雾防治。

7.1.2 苹果轮纹病

发病初期，选用 70% 甲基硫菌灵可湿性粉剂、80% 多菌灵可湿性粉剂、80%代森锰锌可湿性粉剂或430克/升戊唑醇悬浮剂等农药进行喷雾防治。

7.1.3 苹果炭疽病

发病前或发病初期，选用80%代森锰锌可湿性粉剂、50%多菌灵可湿性粉剂、40%苯醚·甲硫可湿性粉剂或50%甲硫·锰锌可湿性粉剂等农药进行喷雾防治。

7.1.4 苹果褐斑病

发病前或发病初期，选用75%肟菌·戊唑醇水分散粒剂、60%唑醚·戊唑醇水分散粒剂、30%吡唑醚菌酯悬浮剂或25%丙环唑水乳剂等农药进行喷雾防治。

7.1.5 苹果白粉病

发病前或发病初期，选用80%硫黄水分散粒剂、29%石硫合剂水剂、36%甲基硫菌灵悬浮剂或2%嘧啶核苷类抗菌素水剂等农药进行喷雾防治。注意，石硫合剂不得与酸性农药、波尔多液等铜制剂、在碱性条件下易分解的农药混合使用。

7.1.6 苹果树腐烂病

视农药特性，选择合适时期（如休眠期、发病初期、秋季落叶后等），选用3%甲基硫菌灵糊剂、1%戊唑醇膏剂、250克/升吡唑醚菌酯乳油、35%丙唑·多菌灵悬浮剂等农药进行涂抹、喷淋或喷雾防治。

7.2 苹果虫害

通常卵盛孵期至低龄幼虫期是防治关键时期。做好测报，根据虫害特性和发生情况，选用合适的农药，及时防治。

7.2.1 害螨类

根据农药特性,在合适时期(如卵初孵期、发生初期、始盛期等),选用50%四螨嗪悬浮剂、20%甲氰菊酯乳油、43%联苯肼酯悬浮剂或5%唑螨酯悬浮剂等农药进行喷雾防治。

7.2.2 桃小食心虫

卵盛孵期至低龄幼虫期,选用4.5%高效氯氰菊酯乳油、20%甲氰菊酯乳油、40%辛硫磷乳油、35%氯虫苯甲酰胺水分散粒剂等农药进行喷雾防治。幼虫出土始盛期进行地面防治。卵果率达到1.0%~1.5%时,进行树上防治。

7.2.3 蚜虫类

始盛期,选用5%啶虫脒乳油、10%吡虫啉可湿性粉剂、21%噻虫嗪悬浮剂、20%氟啶虫酰胺水分散粒剂、22.4%螺虫乙酯悬浮剂等农药进行喷雾防治。防治苹果绵蚜时,枝干伤疤、缝隙处应喷透;发生较重的果园,应对根部及其附近土壤进行喷药或灌根防治。

7.2.4 金纹细蛾

卵盛孵期至低龄幼虫期,选用25%灭幼脲悬浮剂、25%除虫脲可湿性粉剂、20%杀铃脲悬浮剂、240克/升虫螨腈悬浮剂等农药进行喷雾防治。

附录A 苹果主要病虫害及其为害症状

苹果主要病虫害及其为害症状如图所示。

苹果斑点落叶病叶片症状

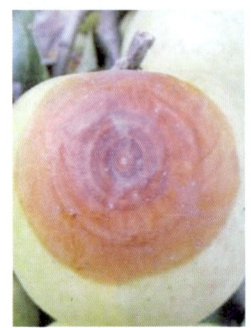

苹果轮纹病枝干初期（左）、后期（中）和果实（右）症状

  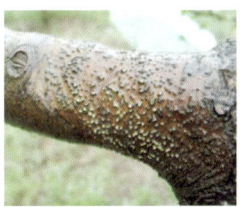

苹果炭疽病症状　　　　苹果白粉病症状　　　　苹果树腐烂病症状

苹果褐斑病针芒型（左）、轮纹型（中）和混合型（右）症状

苹果全爪螨（左）、山楂叶螨（中）和二斑叶螨（右）

绣线菊蚜（左）、苹果瘤蚜（中）和苹果绵蚜（右）为害状

桃小食心虫为害果实早期（左）和后期（右）症状

金纹细蛾为害状

附录 B 苹果主要病虫害防治推荐农药使用方案

可用于防治苹果病虫害的部分药剂及其使用方法详见下表。

苹果主要病虫害防治推荐农药使用方案

防治对象	防治时期	农药名称	使用剂量	施药方法	安全间隔期（天）
斑点落叶病	发病前或发病初期	10% 苯醚甲环唑水分散粒剂	1500～3000 倍液	喷雾	21
	发病初期	50% 多·锰锌可湿性粉剂	400～500 倍液	喷雾	28
	发病初期	430 克/升戊唑醇悬浮剂	5000～7000 倍液	喷雾	28
	落花后和秋梢期发病前	80% 代森锰锌可湿性粉剂	500～800 倍液	喷雾	10
轮纹病	发病初期	70% 甲基硫菌灵可湿性粉剂	800～1000 倍液	喷雾	21
	发病初期	80% 多菌灵可湿性粉剂	800～1200 倍液	喷雾	28
	发病初期	430 克/升戊唑醇悬浮剂	3000～5000 倍液	喷雾	28
	落花后和秋梢期发病前	80% 代森锰锌可湿性粉剂	600～800 倍液	喷雾	10

（续表）

防治对象	防治时期	农药名称	使用剂量	施药方法	安全间隔期（天）
炭疽病	落花后和秋梢期发病前	80%代森锰锌可湿性粉剂	600～800倍液	喷雾	10
	发病前或发病初期	50%多菌灵可湿性粉剂	600～1000倍液	喷雾	28
		40%苯醚·甲硫可湿性粉剂	600～900倍液	喷雾	21
		50%甲硫·锰锌可湿性粉剂	500～1000倍液	喷雾	21
褐斑病	发病前或发病初期	75%肟菌·戊唑醇水分散粒剂	4000～6000倍液	喷雾	30
		30%吡唑醚菌酯悬浮剂	5000～6000倍液	喷雾	21
		25%丙环唑水乳剂	1500～2500倍液	喷雾	28
		36%甲基硫菌灵悬浮剂	800～1200倍液	喷雾	21
		2%嘧啶核苷类抗菌素水剂	200倍液	喷雾	
		60%唑醚·戊唑醇水分散粒剂	4000～5000倍液	喷雾	30
	发病初期	80%硫黄水分散粒剂	500～1000倍液	喷雾	
		29%石硫合剂水剂	100～120倍液	喷雾	
腐烂病	春季病害发生期	3.3%甲硫·萘乙酸膏剂	185～270克/米^2	涂抹	

（续表）

防治对象	防治时期	农药名称	使用剂量	施药方法	安全间隔期（天）
腐烂病	病害发生期	3.315%甲硫·萘乙酸涂抹剂	原液	涂抹于病疤	
	春季发病初盛期或秋季落叶后	3%甲基硫菌灵糊剂	125～150克/米²	涂抹	21
	春季发病前或发病初期、秋季	1%戊唑醇膏剂	250～300克/米²	喷淋	21
	休眠期	250克/升吡唑醚菌酯乳油	1000～1500倍液	喷淋	28
	早春休眠期	35%丙唑·多菌灵悬浮剂	600～800倍液	涂抹病疤、喷雾	生长期
害螨类	卵初孵期或若螨初盛期	50%四螨嗪悬浮剂	5000～6000倍液	喷雾	30
	发生初期	20%甲氰菊酯乳油	1500～2000倍液	喷雾	30
		5%唑螨酯悬浮剂	2000～3000倍液	喷雾	15
	始盛期	43%联苯肼酯悬浮剂	2000～3000倍液	喷雾	14
桃小食心虫	一代产卵高峰期前	100亿CFU/克金龟子绿僵菌可湿性粉剂		喷雾	
	卵孵化盛期至低龄幼虫期	4.5%高效氯氰菊酯乳油	1350～2250倍液	喷雾	21

（续表）

防治对象	防治时期	农药名称	使用剂量	施药方法	安全间隔期（天）
桃小食心虫	卵孵化盛期至低龄幼虫期	20%甲氰菊酯乳油	2000～3000倍液	喷雾	30
		40%辛硫磷乳油	1000～2000倍液	喷雾	14
		35%氯虫苯甲酰胺水分散粒剂	7000～9000倍液	喷雾	14
蚜虫类	始盛期	5%啶虫脒乳油	2000～3000倍液	喷雾	30
		10%吡虫啉可湿性粉剂	2000～4000倍液	喷雾	14
		21%噻虫嗪悬浮剂	4000～5000倍液	喷雾	21
		20%氟啶虫酰胺水分散粒剂	5000～9000倍液	喷雾	21
绵蚜	产卵初期	22.4%螺虫乙酯悬浮剂	3000～4000倍液	喷雾	21
金纹细蛾	卵孵化盛期至低龄幼虫期	25%灭幼脲悬浮剂	1500～2000倍液	喷雾	21
		25%除虫脲可湿性粉剂	1000～2000倍液	喷雾	21
		20%杀铃脲悬浮剂	4000～6000倍液	喷雾	21
		240克/升虫螨腈悬浮剂	4000～6000倍液	喷雾	14

注：①农药使用以最新版本NY/T 393《绿色食品 农药使用准则》的规定和农药登记信息为准。②石硫合剂水剂不得与酸性农药、波尔多液等铜制剂、在碱性条件下易分解的农药混合使用。

绿色食品 小麦绿色防控技术指南

赵林萍[1] 贾松涛[1] 王继美[1] 陶燕[1] 李梦雨[1] 孙炳剑[2] 樊恒明[3]
杨红星[3] 黄继勇[3] 闫贝琪[3] 王永波[3]

(1.河南中标检测服务有限公司；2.河南农业大学；3.河南省农产品质量安全和绿色食品发展中心)

1 生产概况

小麦是禾本科小麦属一年或越年生草本植物。中国是世界小麦第三生产大国。我国各地广泛种植小麦，2022年，全国种植面积3.54亿亩，总产量1.3亿吨，平均亩产387千克。随着连作生产、虫害种类增加和极端天气频发，小麦的病虫草害日益严重，制约了小麦产量和品质的进一步提高。小麦生产过程中常发生的重大病害有11种（类），主要虫害有12种（类）。为保障小麦绿色生产及其产品质量安全，制定小麦病虫草害绿色防控技术指南如下。

2 常见病虫草害

2.1 病害

小麦条锈病（病原为条形柄锈菌小麦专化型）、叶锈病（病原为隐匿柄锈菌小麦专化型）、赤霉病（病原主要为禾谷镰孢，亚洲镰孢是长江中下游麦区的优势种）、白粉病（病原为禾谷布氏白粉菌）、茎基腐病（病原主要为假禾谷镰孢和禾谷镰孢）、纹枯病（病原主要为禾谷丝核菌）、根腐病（病原为麦根腐平脐蠕孢）、全蚀病（病原为禾顶囊壳小麦变种）、散黑穗病（病原为小麦散黑粉菌）、腥黑穗病（病原为网腥黑穗病菌、光腥黑粉菌）、土传花叶病（病原为小麦黄花叶病毒和中国小麦花叶病毒）等。

2.2 虫害

蚜虫（主要种类包括中国麦长管蚜，也称荻草谷网蚜，禾谷缢管蚜、麦二叉蚜和麦无网长管蚜）、麦蜘蛛（麦长腿蜘蛛和麦圆蜘蛛）、黏虫（东方黏虫）、灰飞虱（褐飞虱和白背飞虱）、蓟马（小麦皮蓟马）、蛴螬（暗黑鳃金龟）、蝼蛄（华北蝼蛄和东方蝼蛄）、金针虫（沟金针虫、细胸金针虫和褐纹金针虫）、吸浆虫（主要有麦红吸浆虫和麦黄吸浆虫）、麦叶蜂（小麦叶蜂）、麦秆蝇（粗腿麦秆蝇）、根土蝽等。

2.3 草害

主要阔叶杂草种类有播娘蒿、荠菜、猪殃殃、麦家公、泽漆、牛繁缕、婆婆纳、稻槎菜、繁缕、大巢菜等；主要禾本科杂草种类有野燕麦、节节麦、多花黑麦草、硬草、雀麦、看麦娘、日本看麦娘等。

3 防治原则

按照"预防为主、综合防治"的植保方针,严格实施植物检疫,在做好田间病虫草害监测的基础上,采用农业措施、物理防治、生物防治以及科学合理的化学防治相结合的绿色综合防控技术,使用农药和肥料符合 NY/T 393《绿色食品 农药使用准则》和 NY/T 394《绿色食品 肥料使用准则》要求,达到小麦绿色健康生产的目的。

4 农业措施

4.1 种植抗性品种

种植抗病虫品种是控制小麦病虫害最经济有效的措施,特别是对锈病、白粉病、赤霉病、病毒病等病害,以及吸浆虫、麦秆蝇等虫害。兼抗多种病虫是抗性利用中追求的理想目标,一般按照生态区确定品种兼抗对象。例如,东北春麦区品种要以抗秆锈病为主兼抗叶锈病、赤霉病和根腐病;西北地区以抗条锈病为主兼抗病毒病和蚜虫;华北区品种要兼抗条锈病、叶锈病和白粉病;黄淮麦区南部品种要兼抗小麦土传花叶病;淮河流域品种兼抗赤霉病、条锈病、叶锈病;长江中下游以抗赤霉病为主兼抗条锈病、叶锈病或秆锈病。

总之,各地应当根据当地生产条件、区域特点及小麦病虫害种类和发生特点,因地制宜地选用抗病虫害能力强、丰产优质的小麦品种。同时注意品种的多样化,科学合理布局。

4.2 提高耕作整地质量

整地应以深、实、平、净为目标,凡是旋耕播种的地块必须旋耕 2 遍后镇压耙实，且保证旋耕深度达到 15 厘米以上；对于连年旋耕播种的麦田应实行"两年旋耕一年深耕或深松"的轮耕制度，并做到机耕机耙相结合，以打破犁底层，踏实土壤，促进小麦根系下扎；秸秆还田地块必须深耕，耕深达到 25 厘米以上，将秸秆翻入土中，耕后机耙 2～3 遍，除净根茬，上虚下实，地表平整，无明暗坷垃，可以杀死部分地下害虫，减轻小麦土传病害和杂草的发生为害。无论深耕或旋耕地块均要做到镇压耙实、踏实土壤，使麦种与土壤紧密接触，保证出苗整齐健壮。

4.3 科学施肥

科学施肥有利于小麦健壮生长，提高植株抗逆能力，减轻病虫害发生为害程度。按照"增施有机肥，氮肥总量控制、分期调控"的原则合理施肥。根据土壤化验结果和产量水平，进行平衡精准施肥，一般亩产 600 千克以上的高产田块，每亩总施肥量为氮肥（N）15～18 千克、磷肥（P_2O_5）6～8 千克、钾肥（K_2O）3～5 千克，其中，氮肥 40% 底施，60% 在拔节期追施；亩产 500 千克左右的田块，每亩总施肥量为氮肥（N）13～15 千克、磷肥（P_2O_5）6～8 千克、钾肥（K_2O）3～5 千克，其中，氮肥 50% 底施，50% 在起身拔节期结合浇水追施；亩产 400 千克以下的田块，每亩总施肥量为氮肥（N）8～10 千克、磷肥（P_2O_5）4～5 千克，适量补充钾肥，其中，氮肥 70% 底施，30% 在返青期追施。种植强筋、中强筋品种麦田稳氮增钾补硫，氮肥底追比以 5∶5 为宜；种植弱筋品种麦田控氮增磷增钾，氮肥底追比以 7∶3 为宜；旱地麦田一次施足底肥，春季视苗情趁墒追肥。注意增施腐熟有机肥和芽孢杆菌、木霉菌等生防菌，避免过量偏施氮肥，小麦茎基腐病重发区可适当增施磷钾肥和锌肥。

4.4 健康种子

选择通过省级或国家农作物品种审定委员会审定，适合当地种植、检疫合格的小麦品种，在播种前进行精选，去除病（虫）粒、瘪粒及杂质，杜绝检疫性病虫害传播蔓延，减少病虫害发生的概率。播前选择晴好天气晒种，提高小麦种子活力并杀灭种子表面病原物。

4.5 合理密植

播种遵循"适期、适量、适墒、适深"的原则，避免播种过早过深，防止冬前旺长和深播弱苗。适当推迟播期，有助于减轻病虫害发生。各类麦田都要注意提高播种均匀度，杜绝圪堆苗和缺苗断垄现象。墒情适宜时提倡播种前后镇压，若土壤过湿时可适当推迟镇压时间。在高质量整地前提下，因地制宜大力推广宽幅匀播、宽窄行播种、缩距匀播等播种方式，控制适当密度，减少病原发生。

4.6 合理轮作

合理轮作可以有效减轻部分病虫害。对小麦全蚀病、纹枯病等重发地块，可与蔬菜、油料、甘薯等非禾本科作物轮作2～3年；对寄主范围较窄的小麦吸浆虫，可与双子叶植物、大蒜等轮作，可显著减轻其为害；若小麦田发现有除草剂残留引发的药害，也可以选择与对所发生药害不敏感的作物进行轮作。

4.7 清除杂草及病残体

小麦播种前，清除地头、沟边、路边的杂草及病残体，尤其是清除自生麦苗，消灭蚜虫、麦蜘蛛、灰飞虱等害虫的越冬场所和繁殖基地，减少小麦条锈病、白粉病的初侵染来源和传播桥梁。

5 物理防治

5.1 粘虫板诱杀

利用昆虫的趋色性，制作各类有色粘虫板诱杀害虫，可以降低虫口基数，监测害虫群发生动态。常用的粘虫板有黄板、蓝板、绿板等，黄板主要用于诱杀蚜虫、粉虱、蓟马、吸浆虫，蓝板主要用于诱杀蓟马、蝇类，绿板主要用于诱杀叶蝉。在麦蚜、吸浆虫成虫发生初期，每亩均匀插挂15～30块黄板，高度超出小麦20～30厘米，当黄板粘虫面积达到板表面积60%以上时更换，悬挂方向以板面向东西方向为宜。也可以将色板与昆虫信息素组合在一起提高诱杀效果。

5.2 食饵诱杀

用害虫特别喜欢食用的材料做成诱饵，引诱其集中取食而消灭。常用的食饵有食诱剂、糖醋液、毒饵、青草、麦麸等，例如，利用糖醋液诱杀黏虫，使用商品食诱剂诱杀金龟子等。

6 生物防治

6.1 生防制剂防治小麦病害

小麦赤霉病发病前用1000亿CFU/克枯草芽孢杆菌可湿性粉剂10～20克/亩、5%氨基寡糖素水剂5～100毫升/亩或2亿CFU/克木霉菌水分散粒剂50～60克/亩，扬花初期可选用1%

申嗪霉素悬浮剂 100～120 毫升 / 亩，抽穗扬花期可选用 6% 低聚糖素水剂 60～80 毫升 / 亩进行喷雾。

小麦白粉病在发病前要及时进行喷雾防治。可选用 1% 蛇床子素水乳剂 150～200 毫升 / 亩、1.5% 多抗霉素可湿性粉剂 75～150 倍液、3% 多抗霉素可湿性粉剂 150～300 倍液或 1000 亿 CFU/ 克枯草芽孢杆菌可湿性粉剂 15～20 克 / 亩。

纹枯病可在小麦的各个生育期发生，主要为害植株基部的叶鞘和茎秆。发病前用 1 亿 CFU/ 克木霉菌水分散粒剂 25～50 克 / 千克种子拌种，发病初期用 1.5% 多抗霉素可湿性粉剂 75～150 倍液、3% 多抗霉素可湿性粉剂 150～300 倍液或 24% 井冈霉素水剂 37.5～50 毫升 / 亩进行喷雾。

全蚀病防治主要在播种时用 5 亿 CFU/ 克荧光假单胞杆菌 10～15 克 / 千克种子，用水量刚好以将种子拌湿为宜，均匀拌种，或用 1% 申嗪霉素悬浮剂 1～2 毫升 / 千克种子均匀拌种；返青期或苗期用 5 亿 CFU/ 克荧光假单胞杆菌 100～150 克 / 亩灌根 2 次。

6.2 生物制剂防治小麦虫害

蚜虫防治，在发生初期用 200 万 CFU/ 毫升耳霉菌悬浮剂 150～200 毫升 / 亩、150 亿 CFU/ 克球孢白僵菌可湿性粉剂 15～20 克 / 亩进行均匀喷雾；卵孵化盛期或低龄幼虫期用 1% 苦参碱可溶液剂 30～60 毫升 / 亩、80 亿 CFU/ 毫升金龟子绿僵菌 CQMa421 可分散油悬浮剂 60～90 毫升 / 亩进行均匀喷雾。

6.3 天敌

合理的作物间作套种，种植显花的蜜源植物，为天敌提供食物来源，促进天敌的成活率和繁殖量，例如，麦田周边及田间种植油菜、蚕豆等，提高瓢虫、食蚜蝇、花蝽、草蛉、蚜茧蜂、螨和蜘蛛等天敌昆虫种群数量，防治小麦蚜虫。

7 化学防治

7.1 小麦病害

小麦病害的化学防控，关键要在播种期开展种子处理预防、发病初期药剂防治相结合。

7.1.1 条锈病

在条锈病菌源区和常发区，采用杀菌剂拌种、浸种或种子包衣，减少秋苗发病。常用药剂有戊唑醇等三唑类杀菌剂。苗期和成株期防治病害，可以使用250克/升粉唑醇悬浮剂16～24毫升/亩、12.5%戊唑醇水乳剂40～66毫升/亩、250克/升丙环唑乳油30～40毫升/亩或15%三唑酮可湿性粉剂100～120克/亩喷雾。

7.1.2 叶锈病

用戊唑醇等三唑类杀菌剂处理麦种，可以预防秋苗发病，减少越冬菌源量，推迟春季叶锈病发生，降低为害程度。小麦拔节后，结合条锈病防控，当田间病叶率达5%～10%时开始喷药防治。可以使用430克/升戊唑醇悬浮剂14～23毫升/亩，兑水45～50升茎叶喷雾，间隔7～10天再加施一次。

7.1.3 赤霉病

最适施药时期是小麦齐穗期至盛花期，施药应宁早勿晚。优先选用生物药剂1000亿CFU/克枯草芽孢杆菌可湿性粉剂10～20克/亩、5%氨基寡糖素水剂5～100毫升/亩、2亿

CFU/克木霉菌水分散粒剂50～60克/亩、1%申嗪霉素悬浮剂100～120毫升/亩、6%低聚糖素水剂60～80毫升/亩进行喷雾。可选用40%多菌灵100～125毫升/亩、80%戊唑醇水分散粒剂10～12亩/克、250克/升粉唑醇悬浮剂20～30毫升/亩、80%戊唑醇可湿性粉剂6.25～10克/亩、30%吡唑醚菌酯悬浮剂30～35毫升/亩、125克/升氟环唑悬浮剂48～60毫升/亩或500克/升甲基硫菌灵悬浮剂100～150毫升/亩。如果气温高于15℃，连阴雨3天以上，间隔5天，需进行第二次防治。

7.1.4 白粉病

目前已发现小麦白粉病菌对三唑类杀菌剂产生抗药性，建议三唑类杀菌剂与其他类型的杀菌剂轮换使用，以避免病菌抗药性的发展。可以控制冬前苗期发病。在春季病株率15%～20%或病叶率5%～10%时，要及时喷雾防治。优先选用的生物药剂有1%蛇床子素水乳剂150～200毫升/亩、1.5%多抗霉素可湿性粉剂75～150倍液、3%多抗霉素可湿性粉剂150～300倍液、1000亿CFU/克枯草芽孢杆菌可湿性粉剂15～20克/亩。常用的化学药剂有50%硫黄悬浮剂350～450毫升/亩、80%戊唑醇12～15毫升/亩、25%吡唑醚菌酯悬浮剂35～40毫升/亩、40%腈菌唑可湿性粉剂10～15克/亩、50%粉唑醇悬浮剂12～20毫升/亩、25%丙环唑乳油30～40毫升/亩、30%醚菌酯悬浮剂30～50毫升/亩、12.5%氟环唑悬浮剂48～60毫升/亩、5%烯肟菌胺乳油750～1500倍/亩、20%辛硫·三唑酮乳油140～150克/亩、30%肟菌·戊唑醇悬浮剂36～45毫升/亩、15%井冈·三唑酮可湿性粉剂100～133克/亩，均匀喷雾。

7.1.5 纹枯病

纹枯病可在小麦的各个生育期发生，主要为害植株基部的叶鞘和茎秆。播种前种子处理可用 25 克/升咯菌腈悬浮种衣剂 1.68～2 毫升/千克种子、30% 醚菌酯悬浮种衣剂 0.33～0.67 毫升/千克种子、25% 三唑醇可湿性粉剂 1:（556～833）（药种比）、60 克/升戊唑醇悬浮种衣剂 0.583～0.667 克/千克种子、30 克/升苯醚甲环唑悬浮种衣剂 2～3 克/千克种子或采用复配制剂（参见附录 B）进行种子包衣或拌种。在小麦返青至拔节期，发病前或当病株率 15%～20%，优先选用生物药剂 1 亿 CFU/克木霉菌水分散粒剂 25～50 克/千克种子拌种，1.5% 多抗霉素可湿性粉剂 75～150 倍液、3% 多抗霉素可湿性粉剂 150～300 倍液或 24% 井冈霉素水剂 37.5～50 毫升/亩进行茎基部喷雾。化学药剂可使用 50% 氟环·多菌灵悬浮剂 50～70 毫升/亩、240 克/升噻呋酰胺悬浮剂 20～25 毫升/亩、30% 唑醚·戊唑醇悬浮剂 25～30 毫升/亩、50% 醚菌酯·噻呋酰胺水分散粒剂 14～24 克/亩、15% 井冈·戊唑醇悬浮剂 40～60 毫升/亩、30% 肟菌·戊唑醇悬浮剂 40～60 毫升/亩或 40% 唑醚·氟环唑悬浮剂 20～25 毫升/亩进行喷雾，重点喷施小麦茎基部。

7.1.6 茎基腐病

茎基腐病的防治主要采取种子处理和返青期茎叶喷雾，可选用戊唑醇等三唑类杀菌剂，用法用量参照纹枯病。

7.1.7 根腐病

播种期用 25% 噻虫·咯·霜灵悬浮种衣剂 0.75～5 毫升/千克种子、27% 苯醚·咯·噻虫种子处理悬浮剂 1.5～4.5 毫升/千克种子、25 克/升咯菌腈种子处理悬浮剂 1.5～2 毫升/千克种子进行种子包衣，能有效地减轻苗期根腐病的发生。

7.1.8 全蚀病

主要在播种前进行种子包衣预防，如 3% 苯醚甲环唑悬浮种衣剂 4～6 毫升/千克种子、8% 苯醚甲环唑·噻虫嗪种子处理悬浮剂 18～30 毫升/千克种子、5% 苯醚甲环唑·辛硫磷种子处理悬浮剂 18～20 毫升/千克种子或采用复配制剂（参见附录 B）进行种子包衣或沟施。

7.1.9 散黑穗病

小麦散黑穗病一般发病比较轻，发病率为 1%～5%；严重地块发病率可达 10% 以上。药剂拌种是防治小麦黑穗病最经济有效的措施。较好的种子处理药剂有 60 克/升戊唑醇悬浮种衣剂 1:（2000～3000）（药种比）、30 克/升苯醚甲环唑悬浮种衣剂 1:（333～500）（药种比）进行种子包衣或采用复配制剂进行种子包衣。

7.1.10 腥黑穗病

播种前用 25 克/升咯菌腈悬浮种衣剂按照 1～2 毫升/千克种子包衣。

7.2 小麦虫害

虫害防控应做好田间管理与监测，根据情况在各虫害防治的最佳时间及时施药防治。要注意改进施药技术，选用对天敌安全的选择性药剂，减少用药次数和数量，保护天敌免受伤害。注意轮换使用不同作用机理的杀虫剂，避免害虫产生抗药性。

7.2.1 蚜虫

播种前可以用种子拌种或包衣进行预防：10% 噻虫嗪种子处理微囊悬浮剂 12～15 毫升/千克种子或采用复配制剂（参见附录 B）进行种子包衣。当苗期蚜量达到百株 100～200 头时，应进行重点防治。在小麦穗期蚜虫初发生期，以麦长管蚜为主的百株蚜量达到 500 头以上、以禾谷缢管蚜为主的百株蚜量 4000 头以上为化学防治指标。可以选用 5% 啶虫脒乳油 18～24 克/亩、25% 吡蚜酮可湿性粉剂 16～20 克/亩、50% 氟啶虫胺腈水分散粒剂 2～3 克/亩、4.5% 高效氯氰菊酯水乳剂 20～40 毫升/亩或采用复配制剂（参见附录 B）均匀喷雾。

7.2.2 麦蜘蛛（螨）

当平均 33 厘米行长虫量达 200 头以上时即可施药防治。小麦起身拔节期于中午喷药，小麦抽穗后气温较高，于上午 10 时以前和下午 4 时以后喷药效果最好。防治麦蜘蛛主要通过茎叶喷雾，可选用 50% 硫黄悬浮剂 400 毫升/亩进行喷雾。

7.2.3 黏虫

防治幼虫应于 3 龄以前，最好是消灭黏虫于虫卵阶段。在卵孵化盛期至幼虫 3 龄前，每亩用 25% 除虫脲可湿性粉剂 6～20 克兑水 30～40 升，均匀茎叶喷雾。

7.2.4 灰飞虱

在灰飞虱发生严重的地块，可在 3 月中下旬进行越冬代灰飞虱的防治；小麦齐穗至灌浆期用 50% 吡蚜酮可湿性粉剂 8～10 克/亩喷雾防治。在防治时要加大用水量，尽量把药液淋到麦苗的中下部，以提高防治效果，达到压低灰飞虱虫量的目的。

7.2.5 地下害虫

（1）蛴螬

蛴螬是金龟子的幼虫，种类很多，均属于鞘翅目金龟子科。播种耕地前用 0.3% 辛硫磷颗粒剂 40～50 千克/亩或 0.08% 噻虫嗪颗粒剂 40～50 千克/亩撒施，播种时用 10% 苯甲·吡虫啉种子处理悬浮剂 14.29～16.67 毫升/千克种子包衣。

（2）蝼蛄

我国分布最广泛、为害最严重的种类有华北蝼蛄和东方蝼蛄。播种时用 0.3% 辛硫磷颗粒剂 40～50 千克/亩撒施。

（3）金针虫

在我国为害农作物的金针虫有数十种，其中沟金针虫、细胸金针虫和褐纹金针虫发生普遍，对小麦为害严重。用 40% 噻虫嗪悬浮种衣剂 2.55～4.6 克/千克种子或采用复配制剂（参见附录B）进行麦种包衣有很好的防治效果。

7.3 小麦草害

麦田杂草是小麦生长过程中遇到的主要生物灾害之一，它们与小麦争夺水分、肥料、阳光和空间，严重影响小麦产量和质量。麦田杂草种类较多、草相差异较大，同时，还要考虑土质、环境条件等因素，针对不同情况正确地选择麦田除草剂品种。

7.3.1 禾本科杂草

在小麦 3 叶后至拔节前、一年生禾本科杂草和阔叶杂草齐苗后（禾本科杂草 2～4 叶最佳），使用 36% 禾草灵乳油 180～200 毫升/亩或 37% 炔·苄·唑草酮可湿性粉剂 20～30 克/亩等茎叶喷雾。野燕麦、看麦娘、硬草、茵草、棒头草等为主的麦田，在小麦 2 叶期后，大多数杂草出苗后，使用 24% 炔草酯乳油 2～15 毫升/亩，茎叶喷雾。

7.3.2 一年生阔叶杂草

在小麦 6～7 叶期，阔叶杂草 2～4 叶期，繁缕 6～7 叶期，使用 22% 噻吩·唑草酮可湿性粉剂 10～15 克/亩茎叶喷雾；冬小麦 4 叶至拔节前，阔叶杂草 2～5 叶期，使用 5% 双氟·唑草酮悬乳剂 15～20 毫升/亩、75% 噻吩磺隆水分散粒剂 2～3 克/

亩、56% 2甲4氯可溶粉剂120～150克/亩、60%苄嘧磺隆水分散粒剂5～8克/亩、50克/升双氟磺草胺悬浮剂5～6毫升/亩茎叶喷雾；冬小麦返青后可使用25%灭草松水剂200毫升/亩、48%麦草畏水剂30～40毫升/亩、5%唑草酮微乳剂20～40毫升/亩、12%氯吡·唑草酮可分散油悬浮剂40～50毫升/亩、36%滴酸·麦草畏可溶液剂75～90毫升/亩、20%氯氟吡氧乙酸乳油50～70毫升/亩或20%氯氟吡氧乙酸异辛酯悬浮剂50～70毫升/亩茎叶喷雾。

7.3.3 一年生阔叶和禾本科杂草混合发生

一年生杂草混合发生麦田，播种后出苗前，可使用25%绿麦隆可湿性粉剂，冬小麦用量为300～600克/亩，春小麦田用量为600～800克/亩，土壤喷雾。冬小麦3叶至返青期，杂草2～5叶期，可选用55%氟唑·唑草酮水分散粒剂6～8克/亩或72%噻磺·异丙隆可湿性粉剂100～120克/亩茎叶喷雾；耕翻、少免耕麦田，小麦播种至2.5叶前，使用50%绿麦·异丙隆可湿性粉剂123～150克/亩喷雾，或杂草萌芽期至1叶1心期前用60%丙草·异丙隆可湿性粉剂125～150克/亩喷雾；返青至拔节期，可使用18%氯吡·炔草酯悬浮剂40～50毫升/亩茎叶喷雾。

7.4 药剂防治注意事项

具体用药时期、用药量、每季用药次数、使用安全间隔期及注意事项，参照登记农药标签说明要求。大风天或预计1～3小时内降雨，请勿施药。

附录 A　小麦主要病虫草害及其为害症状

小麦主要病虫草害及其为害症状如图所示。

小麦条锈病

小麦叶锈病

小麦赤霉病

小麦白粉病

小麦茎基腐病

小麦纹枯病

小麦根腐病

小麦全蚀病

小麦散黑穗病

小麦腥黑穗病

小麦黄花叶病毒病(左)及其田间为害状(右)

蚜虫为害小麦叶片(左)和麦穗(右)

小麦苗期受麦蜘蛛为害状

黏虫为害小麦茎叶（左）和麦穗（右）

小麦灰飞虱（左）及其为害小麦叶片状（右）

蛴螬（左）及其为害小麦状（右）

蝼蛄（左）及其为害小麦状（右）

金针虫（左）及其为害小麦状（右）

吸浆虫（左）及其为害小麦状（右）

麦叶蜂幼虫（左）和成虫（右）

麦秆蝇（左）及其为害小麦状（右）

根土蝽（左）及其田间为害状（右）

小麦田中的播娘蒿

小麦田中的牛繁缕

小麦田中的节节麦

小麦田中的野燕麦

附录B 小麦主要病虫草害防治推荐农药使用方案

可用于防治小麦病虫草害的部分药剂及其使用方法详见下表。

小麦主要病虫草害防治推荐农药使用方案

防治对象	防治时期	农药名称	使用剂量	施药方法	安全间隔期（天）
条锈病	发病前或发病初期	250克/升丙环唑乳油	30～40毫升/亩	喷雾	28
	发病初期	15%三唑酮可湿性粉剂	100～120克/亩	喷雾	
		12.5%戊唑醇水乳剂	40～66毫升/亩	喷雾	28
		250克/升粉唑醇悬浮剂	16～24毫升/亩	喷雾	21
叶锈病	出现零星病叶时	430克/升戊唑醇悬浮剂	14～23毫升/亩	喷雾	40
赤霉病	发病前或扬花初期	1000亿CFU/克枯草芽孢杆菌可湿性粉剂	10～20克/亩	喷雾	
		2亿CFU/克木霉菌水分散粒剂	50～60克/亩	喷雾	5～7
	发病前或发病初期	5%氨基寡糖素水剂	5～100毫升/亩	喷雾	

（续表）

防治对象	防治时期	农药名称	使用剂量	施药方法	安全间隔期（天）
赤霉病	发病前或发病初期	多菌灵 40%	100～125 毫升/亩	喷雾	28
		80% 戊唑醇水分散粒剂	10～12 克/亩	喷雾	7～10
	扬花初期	1% 申嗪霉素悬浮剂	100～120 毫升/亩	喷雾	14
		30% 吡唑醚菌酯悬浮剂	30～35 毫升/亩	喷雾	21
		125 克/升氟环唑悬浮剂	48～60 毫升/亩	喷雾	30
	抽穗扬花期	6% 低聚糖素水剂	60～80 毫升/亩	喷雾	
	发病初期	250 克/升粉唑醇悬浮剂	20～30 毫升/亩	喷雾	14
		80% 戊唑醇可湿性粉剂	6.25～10 克/亩	喷雾	30
	扬花期至灌浆期	500 克/升甲基硫菌灵悬浮剂	100～150 毫升/亩	喷雾	30
白粉病	发病前或发病初期	1% 蛇床子素水乳剂	150～200 毫升/亩	喷雾	
		1.5% 多抗霉素可湿性粉剂	75～150 倍液	喷雾	
		3% 多抗霉素可湿性粉剂	150～300 倍液	喷雾	
		1000 亿 CFU/克枯草芽孢杆菌可湿性粉剂	15～20 克/亩	喷雾	

（续表）

防治对象	防治时期	农药名称	使用剂量	施药方法	安全间隔期（天）
白粉病	拔节前期和中期，发病前	20%三唑酮乳油	43~45毫升/亩	喷雾	14
		50%硫黄悬浮剂	350~450毫升/亩	喷雾	
		80%戊唑醇	12~15毫升/亩	喷雾	7~10
		25%吡唑醚菌酯悬浮剂	35~40毫升/亩	喷雾	28
		40%腈菌唑可湿性粉剂	10~15克/亩	喷雾	21
		50%粉唑醇悬浮剂	12~20毫升/亩	喷雾	21
	发病初期	25%丙环唑乳油	30~40毫升/亩	喷雾	28
		30%醚菌酯悬浮剂	30~50毫升/亩	喷雾	
		12.5%氟环唑悬浮剂	48~60毫升/亩	喷雾	
		5%烯肟菌胺乳油	750~1500倍/亩	喷雾	30
		20%辛硫·三唑酮乳油	140~150克/亩	喷雾	20
		30%肟菌·戊唑醇悬浮剂	36~45毫升/亩	喷雾	28
	病害始发期	15%井冈·三唑酮可湿性粉剂	100~133克/亩	喷雾	20

（续表）

防治对象	防治时期	农药名称	使用剂量	施药方法	安全间隔期（天）
纹枯病	播种前	1亿CFU/克木霉菌水分散粒剂	25～50克/千克种子	拌种	
		25克/升咯菌腈悬浮种衣剂	1.68～2毫升/千克种子	种子包衣	
		30%醚菌酯悬浮种衣剂	0.33～0.67毫升/千克种子	种子包衣	
		8%苯醚甲环唑·噻虫嗪种子处理悬浮剂	16～22毫升/千克种子	种子包衣	
		32%戊唑·吡虫啉种子处理悬浮剂	3～7毫升/千克种子	种子包衣	
		13%吡虫啉·噻呋酰胺种子处理悬浮剂	20～25毫升/千克种子	种子包衣	
		25%三唑醇可湿性粉剂	药种比1∶（556～833）	拌种	
		60克/升戊唑醇悬浮种衣剂	0.583～0.667克/千克种子	种子包衣	
		30克/升苯醚甲环唑悬浮种衣剂	2～3克/千克种子	种子包衣	
		22%噻虫·咯菌腈悬浮种衣剂	4～5毫升/千克种子	种子包衣	
		28%噻虫嗪·噻呋酰胺种子处理悬浮剂	6～9毫升/千克种子	拌种	

（续表）

防治对象	防治时期	农药名称	使用剂量	施药方法	安全间隔期（天）
纹枯病	发病前和发病初期	1.5% 多抗霉素可湿性粉剂	75～150倍液	喷雾	
		3% 多抗霉素可湿性粉剂	150～300倍液	喷雾	
		50% 氟环·多菌灵悬浮剂	50～70毫升/亩	喷雾	28
		30% 唑醚·戊唑醇悬浮剂	25～30毫升/亩	喷雾	35
		50% 醚菌酯·噻呋酰胺水分散粒剂	14～24克/亩	喷雾	28
		15% 井冈·戊唑醇悬浮剂	40～60毫升/亩	喷雾	14
		30% 肟菌·戊唑醇悬浮剂	36～45毫升/亩	喷雾	28
	发病初期	240 克/升噻呋酰胺悬浮剂	20～25毫升/亩	喷雾	21
		24% 井冈霉素水剂	37.5～50毫升/亩	喷雾	14
	春季返青期	40% 唑醚·氟环唑悬浮剂	20～25毫升/亩	喷雾	30
根腐病	播种前	25% 噻虫·咯·霜灵悬浮种衣剂	0.75～5毫升/千克种子	种子包衣	
		27% 苯醚·咯·噻虫种子处理悬浮剂	1.5～4.5毫升/千克种子	种子包衣	

（续表）

防治对象	防治时期	农药名称	使用剂量	施药方法	安全间隔期（天）
根腐病	播种前	25 克/升咯菌腈种子处理悬浮剂	1.5～2 毫升/千克种子	种子包衣	
	发病初期	250 克/升丙环唑乳油	33 毫升/亩	喷雾	28
全蚀病	播种前拌种、发病初期施药	80 亿 CFU/毫升地衣芽孢杆菌水剂		拌种、喷雾	
		5 亿 CFU/克荧光假单胞杆菌可湿性粉剂	10～15 克/千克种子	拌种	
			100～150 克/亩	灌根	
	播种前	1% 申嗪霉素悬浮剂	1～2 毫升/千克种子	拌种，每季最多使用 1 次	
		3% 苯醚甲环唑悬浮种衣剂	4～6 毫升/千克种子	种子包衣	
		8% 苯醚甲环唑·噻虫嗪种子处理悬浮剂	18～30 毫升/千克种子	种子包衣	
		5% 苯醚甲环唑·辛硫磷种子处理悬浮剂	18～20 毫升/千克种子	种子包衣	
		1.5% 噁霉灵·苯醚甲环唑颗粒剂	1500～2000 毫升/亩	沟施	

（续表）

防治对象	防治时期	农药名称	使用剂量	施药方法	安全间隔期（天）
全蚀病	播种前	3%戊唑·吡虫啉种子处理悬浮剂	60～80毫升/千克种子	种子包衣	
		7%吡虫啉·咯菌腈·嘧菌酯种子处理悬浮剂	50～60毫升/千克种子	种子包衣	
		22%苯甲唑·吡虫啉·菱锈灵种子处理悬浮剂	10～20克/千克种子	种子包衣	
		0.8%腈菌·戊唑醇悬浮种衣剂	25～33.3克/千克种子	种子包衣	
散黑穗病	播种前	60克/升戊唑醇悬浮种衣剂	药种比1:(2000～3000)	种子包衣	
		30克/升苯醚甲环唑悬浮种衣剂	药种比1:(333～500)	种子包衣	
		32%戊唑·吡虫啉种子处理悬浮剂	3～5毫升/千克种子	种子包衣	
		9%吡唑酯·咯菌腈·噻虫嗪种子处理微囊悬浮—悬浮剂	13.33～25毫升/千克种子	种子包衣	
		27.2%氟环菌·咯菌腈·噻虫嗪种子处理悬浮剂	2～4毫升/千克种子	种子包衣	

（续表）

防治对象	防治时期	农药名称	使用剂量	施药方法	安全间隔期（天）
散黑穗病	播种前	52%吡虫·咯·苯甲悬浮种衣剂	5.77～7.69克/千克种子	种子包衣	
		27%苯醚·咯·噻虫种子处理悬浮剂	4～6毫升/千克种子	种子包衣	
		4.8%苯醚·咯菌腈悬浮种衣剂	1.041～3.125毫升/千克种子	种子包衣	
		9%氟环·咯·苯甲种子处理悬浮剂	1～2毫升/千克种子	拌种	
		16%噻菌灵·戊唑醇·抑霉唑种子处理悬浮剂	0.3～0.4毫升/千克种子	种子包衣	
		10%咯菌·戊唑醇悬浮种衣剂	0.3～0.5克/千克种子	种子包衣	
		22%噻虫·咯菌腈种子处理悬浮剂	5.25～7.55毫升/千克种子	种子包衣	
腥黑穗病	播种前	25克/升咯菌腈悬浮种衣剂	1～2毫升/千克种子	种子包衣	
蚜虫	播种前	10%噻虫嗪种子处理微囊悬浮剂	12～15毫升/千克种子	拌种	
		28%噻虫嗪·噻呋酰胺种子处理悬浮剂	6～9毫升/千克种子	拌种	

（续表）

防治对象	防治时期	农药名称	使用剂量	施药方法	安全间隔期（天）
蚜虫	播种前	22%苯甲唑·吡虫啉·萎锈灵种子处理悬浮剂	10～20克/千克种子	种子包衣	
		26%苯甲·吡虫啉悬浮种衣剂	6～12毫升/千克种子	种子包衣	
		23%吡虫·咯·苯甲悬浮种衣剂	5～6毫升/千克种子	种子包衣	
		22%苯醚·咯·噻虫悬浮种衣剂	230～295毫升/100千克种子	种子包衣	
		13%吡虫啉·噻呋酰胺种子处理悬浮剂	20～25毫升/千克种子	种子包衣	
		3%戊唑·吡虫啉种子处理悬浮剂	60～80毫升/千克种子	种子包衣	
		7%吡虫啉·咯菌腈·嘧菌酯种子处理悬浮剂	50～60毫升/千克种子	种子包衣	
		600克/升吡虫啉悬浮种衣剂	药种比1:（114～133）	种子包衣	
		8%苯醚甲环唑·噻虫嗪种子处理悬浮剂	18～30毫升/千克种子	种子包衣	

（续表）

防治对象	防治时期	农药名称	使用剂量	施药方法	安全间隔期（天）
蚜虫	播种前	9%吡唑酯·咯菌腈·噻虫嗪种子处理微囊悬浮—悬浮剂	13.33～25毫升/千克种子	种子包衣	
		27.2%氟环菌·咯菌腈·噻虫嗪种子处理悬浮剂	2～4毫升/千克种子	种子包衣	
		34%苯甲·噻虫嗪悬浮种衣剂	药种比1：（850～1100）	种子包衣	
		45%烯肟·苯·噻虫悬浮种衣剂	4～8克/千克种子	种子包衣	
		25%噻虫·咯·霜灵悬浮种衣剂	0.75～5毫升/千克种子	种子包衣	
		22%噻虫·咯菌腈悬浮种衣剂	4～5毫升/千克种子	种子包衣	
	发生初期	200万CFU/毫升耳霉菌悬浮剂	150～200毫升/亩	喷雾	
		150亿CFU/克球孢白僵菌可湿性粉剂	15～20克/亩	喷雾	
		32%吡·多·三唑酮可湿性粉剂	100～120克/亩	喷雾	28
		60%吡虫·多菌灵可湿性粉剂	60～80克/亩	喷雾	20

（续表）

防治对象	防治时期	农药名称	使用剂量	施药方法	安全间隔期（天）
蚜虫	发生初期	20%辛硫·三唑酮乳油	140～150克/亩	喷雾	20
		1%苦参碱可溶液剂	30～60毫升/亩	喷雾	
		5%啶虫脒乳油	18～24克/亩	喷雾	14
	发生初盛期	25%吡蚜酮可湿性粉剂	16～20克/亩	喷雾	30
		50%氟啶虫胺腈水分散粒剂	2～3克/亩	喷雾	14
		4.5%高效氯氰菊酯水乳剂	20～40毫升/亩	喷雾	31
		50%辛硫·矿物油乳油	80～100毫升/亩	喷雾	21
	卵孵化盛期或低龄幼虫期	80亿CFU/毫升金龟子绿僵菌CQMa421可分散油悬浮剂	60～90毫升/亩	喷雾	
	发生期	37.5%抗·酮·多菌灵可湿性粉剂	100～125克/亩	喷雾	28
		18%吡虫·三唑酮可湿性粉剂	50～60克/亩	喷雾	20
		0.5%藜芦根茎提取物可溶液剂	100～133克/亩	喷雾	14
		25%抗蚜威可湿性粉剂	12～24克/亩	喷雾	14

（续表）

防治对象	防治时期	农药名称	使用剂量	施药方法	安全间隔期（天）
蚜虫	若虫盛期和发生前期	60%吡·硫·多菌灵可湿性粉剂	60～100克/亩	喷雾	20
	低龄幼虫期	24%抗蚜·吡虫啉可湿性粉剂	15～20克/亩	喷雾	14
	生长期，发生初盛期	25%噻虫·吡蚜酮可湿性粉剂	6～10克/亩	喷雾	30
	穗期、初发生期	25%吡虫·矿物油乳油	60～100毫升/亩	喷雾	21
螨	发生初盛期	50%硫黄悬浮剂	400毫升/亩	喷雾	
黏虫	产卵高峰期或低龄幼虫期	25%除虫脲可湿性粉剂	6～20克/亩	喷雾	21
灰飞虱	发生初盛期	50%吡蚜酮可湿性粉剂	8～10克/亩	喷雾	21
蛴螬	播种前耕地时	0.3%辛硫磷颗粒剂	40～50千克/亩	撒施	
		0.08%噻虫嗪颗粒剂	40～50千克/亩	撒施	
	播种前	10%苯甲·吡虫啉种子处理悬浮剂	14.29～16.67毫升/千克种子	种子包衣	
蝼蛄	播种时	0.3%辛硫磷颗粒剂	40～50千克/亩	撒施	
金针虫	播种前	40%噻虫嗪悬浮种衣剂	2.55～4.6克/千克种子	种子包衣	

（续表）

防治对象	防治时期	农药名称	使用剂量	施药方法	安全间隔期（天）
金针虫	播种前	5%苯醚甲环唑·辛硫磷种子处理悬浮剂	18～20毫升/千克种子	种子包衣	
		27.2%氟环菌·咯菌腈·噻虫嗪种子处理悬浮剂	2～4毫升/千克种子	种子包衣	
		27%苯醚·咯·噻虫种子处理悬浮剂	4～6毫升/千克种子	种子包衣	
地下害虫	播种前耕地时	3%辛硫磷颗粒剂	30～40克/亩	沟施	
	播种前	40%辛硫磷乳油	药种比1：(417～556)	拌种	7
野燕麦等一年生禾本科杂草	春小麦3～5叶期	36%禾草灵乳油	180～200毫升/亩	茎叶喷雾	
一年生禾本科杂草及阔叶杂草	小麦3叶至拔节前、一年生禾本科和阔叶杂草齐苗后（禾本科杂草2～4叶最佳）	37%炔·苄·唑草酮可湿性粉剂	20～30克/亩	茎叶喷雾	
部分禾本科杂草	小麦2叶期后，大多数杂草出苗后	24%炔草酯乳油	2～15毫升/亩	茎叶喷雾	

（续表）

防治对象	防治时期	农药名称	使用剂量	施药方法	安全间隔期（天）
一年生阔叶杂草	小麦6～7叶期，阔叶杂草2～4叶期，繁缕6～7叶期	22%噻吩·唑草酮可湿性粉剂	10～15克/亩	茎叶喷雾	
	冬小麦4叶至拔节前，阔叶杂草2～5叶期	5%双氟·唑草酮悬乳剂	15～20毫升/亩	茎叶喷雾	
	冬前阔叶杂草基本出齐后，冬小麦拔节前，阔叶杂草5叶前	75%噻吩磺隆水分散粒剂	2～3克/亩	茎叶喷雾	
	小麦3叶期，阔叶杂草3～5叶期	56%2甲4氯可溶粉剂	120～150克/亩	茎叶喷雾	
	发生期	60%苄嘧磺隆水分散粒剂	5～8克/亩	茎叶喷雾	80
	冬小麦出苗后，阔叶杂草3～6叶期	50克/升双氟磺草胺悬浮剂	5～6毫升/亩	茎叶喷雾	
	冬小麦返青后	25%灭草松水剂	200毫升/亩	喷雾	
	返青期	48%麦草畏水剂	30～40毫升/亩	茎叶喷雾	安全间隔期为收获期

（续表）

防治对象	防治时期	农药名称	使用剂量	施药方法	安全间隔期（天）
一年生阔叶杂草	冬小麦返青至拔节前，阔叶杂草2～5叶期	5%唑草酮微乳剂	20～40毫升/亩	茎叶喷雾	
	冬小麦返青至拔节前或春小麦3～5叶期，一年生阔叶杂草2～5叶期	12%氯吡·唑草酮可分散油悬浮剂	40～50毫升/亩	茎叶喷雾	
	返青至拔节前，阔叶杂草3～6叶期	36%滴酸·麦草畏可溶液剂	75～90毫升/亩	茎叶喷雾	
	冬后返青期或分蘖盛期至拔节前期	20%氯氟吡氧乙酸乳油	50～70毫升/亩	茎叶喷雾	>30
	冬小麦拔节期，阔叶杂草2～4叶期	20%氯氟吡氧乙酸异辛酯悬浮剂	50～70毫升/亩	茎叶喷雾	
一年生杂草	播种后出苗前	25%绿麦隆可湿性粉剂	冬小麦田300～600克/亩；春小麦田600～800克/亩	土壤或茎叶喷雾	

（续表）

防治对象	防治时期	农药名称	使用剂量	施药方法	安全间隔期（天）
一年生杂草	冬小麦3叶至返青期，杂草2～5叶期	55%氟唑·唑草酮水分散粒剂	6～8克/亩	茎叶喷雾	
	小麦苗前及苗后早期（小麦3叶期前）	72%噻磺·异丙隆可湿性粉剂	100～120克/亩	喷雾	
	耕翻、少免耕麦田，小麦播种至2.5叶前	50%绿麦·异丙隆可湿性粉剂	123～150克/亩	喷雾	
	杂草萌芽期至1叶1心期前	60%丙草·异丙隆可湿性粉剂	125～150克/亩	喷雾	
	返青至拔节期	18%氯吡·炔草酯悬浮剂	40～50毫升/亩	茎叶喷雾	

注：农药使用以最新版本NY/T 393《绿色食品　农药使用准则》的规定和农药登记信息为准。

绿色食品 山药绿色防控技术指南

赵林萍[1] 贾松涛[1] 王继美[1] 陶燕[1] 李梦雨[1] 杨铁钢[2] 樊恒明[3]
杨红星[3] 黄继勇[3] 闫贝琪[3] 王永波[3]

（1.河南中标检测服务有限公司；2.河南省农业科学院；3.河南省农产品质量安全和绿色食品发展中心）

1 生产概况

山药是薯蓣科薯蓣属的统称，在我国主要包括薯蓣、参薯、甘薯、褐苞薯蓣等种，全国种植面积约800多万亩，年产量约1700万吨，鲜山药年产值1700亿元，产区主要集中在河南、河北、山东、山西、江苏、广东、广西、安徽、浙江、江西、福建、湖北、湖南、海南、台湾、贵州、云南北部、四川、甘肃东部、陕西南部、新疆、辽宁、吉林等地。实行5～8年轮作，不能连作。山药生产过程中常发生的病害有11种，虫害有7种，也有草害发生。为了保障山药绿色生产及其产品质量，制定病虫草害绿色防控技术指南如下。

2 常见病虫草害

2.1 病害

炭疽病（病原为胶孢炭疽菌、辣椒炭疽菌、薯蓣盘长孢菌）、褐斑病（病原为薯蓣叶点霉）、黑斑病（病原为山药大褐斑尾）、斑纹病（病原为薯蓣柱盘孢）、斑枯病（病原为薯蓣壳针孢）、锈病（病原为柄锈菌）、枯萎病（病原为山药尖镰孢）、青霉腐烂病（病原为产黄青霉）、根腐病（病原为镰孢菌）、线虫病（病原为短体属线虫、根结属线虫）、病毒病（病原为山药X病毒、山药黄斑花叶病毒、日本山药花叶病毒、山药潜隐病毒、山药温和花叶病毒、蚕豆萎蔫病毒、薯蓣杆状病毒、薯蓣褪绿坏死花叶病毒等）等。

2.2 虫害

蛴螬、蝼蛄、金针虫、地老虎、蚜虫、甜菜夜蛾、棉铃虫等。

2.3 草害

大藜、小藜、牛筋草、狗尾草、马齿苋、藜、稗草、马唐、千金子、地锦、乌蔹莓、葎草、龙葵、狗牙根、莎草、马泡瓜、狗牙根等。

3 防治原则

按照"预防为主、综合防治"的植保方针，在做好田间监测的基础上，采用农业措施、物理防治、生物防治以及科学合理的化学防治相结合的绿色综合防控技术,实现控制山药病虫草害和山药安全生产的目的。

4 农业综合防治

4.1 抗性品种

根据当地病虫害种类和发生特点,因地制宜,种植适合当地的高产、优质、抗病虫品种,这是一种最为经济有效的病虫害防控措施,可显著减轻病虫害(如炭疽病、线虫病、病毒病等病害)的发生。

4.2 健康种栽

加强植物检疫,不从发病区引种;采用无菌、无病虫基质繁育种栽,建立规模化种栽繁育基地;加强种栽播前处理,选择健壮、皮色光亮、无病虫的种栽,于播前用52~55℃热水浸种15~20分钟。

4.3 田园管理

4.3.1 清洁田园

前茬作物收获后,及时灭茬,将遗留在地面上的病残体、杂草、腐烂茎集中带到田外深埋或高温处理,整地前可用10%的生石灰水喷洒,以减少越冬病原;对用过的老架材,在二次利用之前应集中摊开采用2000~5000倍高锰酸钾溶液喷洒消毒。铲除田间杂草(如野苋菜等),以减少越冬线虫数量。

4.3.2 冬前整地

前茬作物进行田园清理后,冬前深翻晾晒,一般深翻

30～40厘米。

4.3.3 播前整地

因地制宜,选用适宜的技术模式。在土质偏沙、地下水位2米以下、降水较少的西北地区,丘陵山区海拔1500米以下区域,宜采用粉垄虚沟种植方式。使用粉垄机开沟粉垄,并做好田间灌排沟系疏通,防止雨涝塌沟。

在土质偏沙、地下水位2米以下、降水偏多的华北、华中、华南产区,宜采用粉垄实沟种植方式,使用粉垄机开沟粉垄,向沟内浇水灌沟,待土层沉降后播种,并做好田间灌排沟系疏通。

在降水较多或地下水位1米以下的山药产区,针对近年华东和南方地区夏季雨涝多发状况,宜采用定向槽机械化种植。平原地区作宽畦双行种植,丘陵缓坡地区可沿坡面等高线作窄畦单行种植。使用山药定向开槽机开槽沟,斜度15°～20°,覆土后畦面覆盖保温毯、土工布或稻草,防止山药畸形。在华南、西南部分块状参薯类山药产区,宜采用块状山药起垄覆黑膜种植,使用旋耕起垄中耕一体机整地作垄,大垄双行,播种后垄面覆盖黑色地膜,并做好田间灌排沟系疏通。

在部分华北、华南山药产区,可采用打孔种植,使用钻孔机垂直打孔,孔洞中填充稻草、砻糠、椰糠、木糠等,沿播种行起垄塌墒、播种。

种植田开好排水沟,做到内外沟相通,雨停水干。

4.3.4 合理密植

种栽采用零余子繁殖的一代健康种栽,长度15～25厘米。播种前应进行温汤浸种消毒,晾晒2～5天。当5厘米地温稳定在10℃以上时播种。

对于小株型品种如铁棍山药等,宜采用高密度种植,行距一般 50 厘米，也可采用起垄 20~40 厘米宽窄行种植，密度一般每亩 7000~9000 株；对于大株型品种（如九斤黄等），宜采用低密度高垄或定向浅槽种植，密度一般每亩 2500~3000 株。

4.4 轮作

在北方，宜采用与小麦、玉米等禾本科作物轮作，轮作年限间隔不少于 8 年；在南方和水稻进行水旱轮作，可有效缩短轮作间隔年限，一般不少于 5 年。

5 物理防治

5.1 杀虫灯诱杀

采用灯光诱杀。利用昆虫趋光性，在开始盛发和盛发期间在田间地头设置黑灯光，诱杀成虫，减少田间卵量；每 30~50 亩安装一台频振式杀虫灯，灯高为 1.5~2 米，诱杀金龟子、甜菜夜蛾、地老虎等害虫。

5.2 成虫喜好诱杀

利用成虫喜食杨树、柳树、梨树叶片的特点，在蛴螬成虫发生高峰期，取柳树、杨树或梨树的枝条，将枝条分置于田间外围周边各处诱集，再集中处理；或在田间外围周边堆积 10~15 厘米高新鲜但略萎蔫的杂草引诱成虫，诱捕后使用辛硫磷等药剂进行毒杀。

5.3 粘虫板诱杀

利用黄色或蓝色粘虫板诱杀，每亩悬挂 50~60 块，悬挂高度高出植株上部 20~30 厘米。

6 生物防治

6.1 天敌生物防虫

少用或不用广谱性杀虫剂，创造有利于天敌生存的环境条件，尽可能保护利用田间的益鸟、赤眼蜂、绒茧蜂、草蛉、食虫瓢虫、蜘蛛、蛙类等害虫天敌。

6.2 性诱剂诱杀

地老虎等可用商品化的性引诱剂或食诱剂，放置于田间外围周边各处。具体设置数量及更换时间依据产品的使用说明书。

7 化学防治

7.1 山药病害

在播种期对种段做好预防处理，做好发病前或发病初期药剂防治结合，合理混合、轮换、交替用药，防止和推迟病虫害抗性的发生和发展。

炭疽病防治要抓好关键时期，重点在发病前或发病初期施药保护。可在发病前或发病初期，使用32.5%苯甲·嘧菌酯悬浮剂40～50毫升/亩、15%吡唑醚菌酯悬浮剂5～35毫升/亩或75%肟菌·戊唑醇水分散粒剂10～15克/亩进行喷雾，根据病情隔10～15天防治一次。

防治褐斑病可在发病前或发病初期选用32.5%苯甲·嘧菌酯悬浮剂15～25毫升/亩喷雾，安全间隔期为28天。

防治黑斑病可在发病前或发病初期选用 10% 苯醚甲环唑水分散粒剂 40～45 克/亩喷雾，安全间隔期为 20 天。

根腐病、枯萎病可在开沟播种后覆土前使用 15% 噁霉灵水剂 300～400 毫升/亩喷雾防治。

用药时期要灵活掌握，在 6—8 月遇到多雨或连续 3 天以上大雾的天气，用药防治间隔时间可缩短至 7 天，雨后可选用上述药剂及时补喷，可达到有效预防炭疽病、褐斑病、黑斑病等病害的效果；针对病毒病，可通过采用脱毒种栽进行预防。注意合理轮换药剂，以减缓抗药性的产生。

7.2 山药虫害

山药虫害防控应做好田间管理与监测，根据情况在各虫害防治的最佳时间及时施药防治。蛴螬等地下害虫不容易被发现且易与病害混淆，常影响其防治时机；甜菜夜蛾应抓住低龄幼虫期及时防治。

7.2.1 蛴螬

播种时用 3% 辛硫磷颗粒剂 4～8 千克/亩或 10% 噻虫嗪微囊悬浮剂 300～500 毫升/亩进行沟施。

7.2.2 地老虎

和蛴螬同时防治，播种时参考蛴螬用药并进行沟施。

7.2.3 甜菜夜蛾

可在发生初期使用 25% 灭幼脲悬浮剂 25～30 毫升/亩喷雾，或使用 5% 甲氨基阿维菌素苯甲酸盐微乳剂 6～10 克/亩进行喷雾，安全间隔期均为 21 天。

7.3 山药草害

山药在出苗后生长很快,为了避免杂草争夺养分,应及时将其拔除,但应注意在拔草时不要损伤山药的块茎和根系;草害严重地区可采取与甘薯等矮秆作物套作进行防治。

附录 A 山药主要病虫害及其为害症状

山药主要病虫害及其为害症状如图所示。

山药炭疽病为害叶片（左）及根部（右）症状

山药褐斑病　　　　　　　　　　　山药斑纹病

山药黑斑病为害叶片（左）及根部（右）症状

山药斑枯病　　　　　　　　　山药锈病

山药枯萎病　　　　　　　　　山药青霉腐烂病

山药根腐病

山药根结线虫病　　　　　　　　山药花叶病毒病

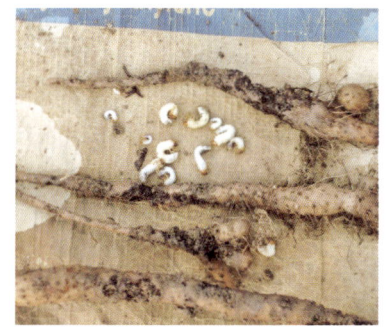 

蛴螬（左）及其为害山药状（右）

蝼蛄　　　　　　　　　　甜菜夜蛾

附录 B 山药主要病虫害防治推荐农药使用方案

可用于防治山药病虫害的部分药剂及其使用方法详见下表。

山药主要病虫害防治推荐农药使用方案

防治对象	防治时期	农药名称	使用剂量	施药方法	安全间隔期（天）
炭疽病	发病前或发病初期	32.5% 苯甲·嘧菌酯悬浮剂	40～50毫升/亩	喷雾	14
		15% 吡唑醚菌酯悬浮剂	5～35毫升/亩	喷雾	28
	发病初期	75% 肟菌·戊唑醇水分散粒剂	10～15克/亩	喷雾	10
褐斑病	发病前或发病初期	32.5% 苯甲·嘧菌酯悬浮剂	15～25毫升/亩	喷雾	28
黑斑病	发病前或发生初期	10% 苯醚甲环唑水分散粒剂	40～45克/亩	喷雾	20
根腐病、枯萎病	开沟播种后覆土前	15% 噁霉灵水剂	300～400毫升/亩	喷雾	
蛴螬	摆种前	3% 辛硫磷颗粒剂	4000～8000克/亩	沟施	
		10% 噻虫嗪微囊悬浮剂	300～500毫升/亩	沟施	

（续表）

防治对象	防治时期	农药名称	使用剂量	施药方法	安全间隔期（天）
甜菜夜蛾	低龄幼虫始盛期	25%灭幼脲悬浮剂	25～30毫升/亩	茎叶喷雾	21
	低龄幼虫始发期	5%甲氨基阿维菌素苯甲酸盐微乳剂	6～10克/亩	喷雾	21

注：农药使用以最新版本 NY/T 393《绿色食品　农药使用准则》的规定和农药登记信息为准。

绿色食品 玉米 绿色防控技术指南

孙淑琴[1] 郭永泽[1] 张凤娇[2] 刘磊[1] 杨秀荣[1] 李月娇[1] 李广胜[1]
（1. 天津市农业科学院；2. 天津市农业发展服务中心科技与成果转化部）

1 生产概况

玉米是我国第一大粮食作物，也是重要的饲料作物，其种植面积和产量均超过水稻和小麦，在我国农业生产和国民经济发展中占据重要地位。国家统计局数据显示，2022年我国玉米种植面积6.03亿亩，产量达2.77亿吨。我国玉米种植区域分布不均衡，主要集中在东北、华北和西南地区，大致呈现一个从东北到西南的狭长玉米种植带，主要分布区域有北方春播玉米区（黑龙江、吉林、辽宁和内蒙古的全部地区，山西、宁夏的大部分地区，河北、陕西、甘肃的部分地区）、黄淮海夏播玉米区（河南、山东、天津的全部地区，北京大部分地区，山西、陕西的中南部，江苏、江西的淮河以北地区）和西南山地春玉米区（云南、贵州、四川的全部地区，陕西南部地区，广西、湖南、湖北西部的丘陵山区，甘肃的一小部分地区），这一带状区域集中了中国玉米种植总面积的85%和产量的90%。

我国玉米种植区域广泛，各地主栽品种抗病虫性表现不一，连作年限长，加之近些年耕作制度的变革和气候因素的影响，玉米病虫草害的发生和防治不断出现许多新的问题和挑战，因此，积极预防并合理有效地防治玉米病虫草害的发生，是减轻玉米产量损失和保障粮食安全的重要途径。目前我国玉米病虫草害防控存在种类多样性、绿色防控技术体系尚不完善、一些先进的防控技术未得到有效推广和应用等问题，严重制约着玉米产业的健康可持续发展，故制定绿色食品玉米绿色防控技术指南如下。

2 常见病虫草害

2.1 病害

玉米常见病害主要有玉米大斑病、小斑病、褐斑病、灰斑病、弯孢叶斑病、南方锈病、茎基腐病、纹枯病、根腐病、丝黑穗病、黑粉病、粗缩病、穗腐病及病毒病等。

2.2 虫害

玉米常见虫害有亚洲玉米螟、棉铃虫、桃蛀螟、黏虫、草地贪夜蛾、甜菜夜蛾、二点委夜蛾、灰飞虱、双斑莹叶甲、蚜虫、叶螨、蓟马、小地老虎、金针虫、蛴螬、蝼蛄等。

2.3 草害

玉米田常见杂草主要有马唐、狗尾草、牛筋草、稗草、萹蓄、香附子、马齿苋、反枝苋、铁苋菜、刺儿菜、野西瓜苗、藜、小藜、荠菜、苘麻、苍耳、龙葵、苣荬菜、田旋花、打碗花、荜草等。

3 防治原则

玉米绿色防控技术以"预防为主、综合防治"为原则,在做好病虫草害发生预报预警的基础上,优先选用农业防治、物理防治和生物防治措施,使用安全、高效、低毒、低残留农药,严格控制化学农药的使用量,化学药剂的选择符合 NY/T 393《绿色食品 农药使用准则》,达到玉米安全生产的目的。

4 农业防治

4.1 选用抗(耐)病虫品种

种植抗(耐)病虫品种是预防和延缓病虫害发生最经济有效的防控措施。各地须因地制宜,选用适宜当地种植的通过审定或备案的高产、优质、抗(耐)病虫优良品种,并定期轮换品种,避免单一品种大面积种植,种子质量应符合 GB 4404.1《粮食作物种子 第一部分:禾谷类》的要求。

4.2 轮作倒茬

对于玉米丝黑穗病、黑粉病和茎基腐病等土传病害和地下害虫连年发生严重的地块,可与蔬菜、水稻、大豆等非寄主作物轮作倒茬 2~3 年,防止病原菌(虫)的积累。播前应深翻土壤,深埋病残株。

4.3 适期播种

根据当地温度和土壤墒情,适期播种,避开病虫为害敏感期。例如,北方地区可适量晚播,减轻玉米丝黑穗病害的发生;

黄淮海地区可适期晚播错过灰飞虱传毒高峰期，减轻玉米病毒病的发生；西南地区可适量早播，使抽雄期避开高温多雨季节，减轻玉米病害的发生。

4.4 田园管控

4.4.1 清洁田园

玉米丝黑穗病、黑粉病在病原菌散粉前应及时清除病原体部分并将其带出田间进行集中深埋（深30厘米以上）或销毁。田间及四周杂草应及时清除，减少病虫中间寄主，降低病虫源基数。避免使用病残体沤肥，有机肥应充分腐熟，减少病虫源的传播。

4.4.2 合理密植

根据地块管理水平和品种特性合理密植。肥力高水分充足的地块可适当密植，肥力低水分不足应适当稀植；株型紧凑和抗倒品种宜密植（6.75万～9万株/公顷），株型平展和抗倒性差的品种宜稀植（4.5万～5.25万株/公顷）。可采用宽窄行种植，增加田间通风透光，降低病虫害发生。

4.4.3 平衡施肥

根据地块肥力水平合理施肥，以提高植株整体抗性水平。提倡增施有机肥，控施化肥，合理施用中量和微量元素肥料，一般氮磷钾比例为1∶0.5∶0.8，西北旱地氮磷钾比例为1∶0.5∶0.5。高肥力地块基肥使用量氮磷钾复合肥15～20千克/亩，中肥力地块基肥使用量增加约20%。

春播玉米在拔节后10～15天，可增施氮肥9～12千克/亩，玉米抽穗前10～15天可再追施一次。夏播玉米在小喇叭口期追施一次氮肥即可。

4.4.4 适时灌溉、及时排涝

根据土壤墒情,适时灌溉。播种后如墒情不足须及时浇水促进出苗;玉米抽雄吐丝期要保证充足的水分供应,以增强植株抗性;暴雨过后要及时清除田间积水,保持田间通风透光,可减轻或延缓玉米茎基腐病等病害的发生。

4.4.5 秸秆还田

作物收获后及时将秸秆粉碎还田,灭杀秸秆中栖息越冬的害虫。

4.4.6 收获后深翻土壤

玉米收获后,及时深翻土壤消灭地下害虫或土栖害虫,减少越冬虫源基数,降低来年害虫为害水平。

5 物理防治

5.1 杀虫灯诱杀

玉米螟、黏虫、棉铃虫、草地贪夜蛾、小地老虎等鳞翅目害虫可利用频振式杀虫灯在成虫为害高峰期诱杀成虫。每2万~3万米^{2}安装一盏杀虫灯,安装高度1.8~2.0米,每天傍晚开灯,次日清晨关灯。注意及时清除虫体、污垢等,选用的杀虫灯应符合 GB/T 24689.2《植物保护机械 杀虫灯》的要求。

5.2 糖醋液诱杀

将酒、水、糖、醋按1∶2∶3∶4的比例配好溶液,用盆子装好,于傍晚安放在田间距地面约1米高处,诱杀小地老虎、黏

虫、棉铃虫、金龟子等害虫成虫。注意定时清除诱集的虫体，并根据液面高度及时补充糖醋液。

5.3 粘虫板诱杀

可选择黄色粘虫板对蚜虫、灰飞虱等进行诱杀防治。在玉米田四周每5～8米插一块黄板（规格为24厘米×40厘米），黄板悬挂高度与玉米中上部叶片相平，黄板符合GB/T 24689.4《植物保护机械 诱虫板》的要求。粘虫板上沾满害虫或者失去黏性时及时进行更换。注意田间如果释放天敌昆虫时要及时摘除粘虫板。

5.4 植物诱杀

历年蚜虫发生严重地块，可在玉米田四周种植一行茼蒿或其他菊科植物诱集蚜虫，当茼蒿每叶有5头以上蚜虫时喷施杀虫剂或将茼蒿拔除带出田间烧毁或深埋。

利用玉米螟成虫有趋向生长茂密、高大植株上产卵的习性，在田埂种植早播感玉米螟的诱集带，诱集玉米螟产卵，集中消灭。

6 生物防治

6.1 保护利用天敌

保护和利用瓢虫、草蛉、食蚜蝇、蚜茧蜂等自然天敌，以虫治虫。在田埂或四周种植涵养天敌的植物，如波斯菊、苜蓿、薄荷、黑麦草、蛇床草等，为天敌提供食物或栖息场所，富集天敌。

6.2 释放天敌

释放赤眼蜂防治玉米螟：一般放蜂2次，玉米螟产卵初期第一次放蜂，释放0.7万头/亩，间隔5～7天第二次放蜂，释放0.8万头/亩，蜂卡悬挂在玉米中部叶片背面主脉上，出蜂口朝下，避免蜂卡被阳光直射，放置方法应符合 NY/T 2062.1《天敌防治靶标生物田间药效试验准则 第1部分：赤眼蜂防治玉米田玉米螟》的规定。

释放异色瓢虫、蚜茧蜂防治蚜虫：瓢虫与蚜虫按1∶100的比例释放，蚜茧蜂与蚜虫若虫按1∶50的比例释放，每亩均匀设置3～4个释放点，间隔5～7天第二次释放，连续释放2～3次。

释放天敌后，尽量不使用化学药剂，以免杀伤天敌。

6.3 性信息素诱杀

成虫羽化前或初期，田间放置玉米螟、棉铃虫、草地贪夜蛾、黏虫等害虫的性信息素进行诱杀。每亩放置1～2个诱捕器，间隔30～50米，每个诱捕器安装一枚诱芯，按照诱捕器产品说明书布置诱捕器数量和安装高度，并按产品持效期及时更换诱芯。根据实际诱虫数量及时清理诱捕器内的死虫，诱集的害虫彻底杀死后深埋。

6.4 生物农药防治

玉米大斑病发生前或发病初期，可采用100亿CFU/克枯草芽孢杆菌可湿性粉剂按50～60克/亩喷雾防治，间隔7天左右施一次药，可连续施药2～3次，或采用13%井冈霉素水剂60～70毫升/亩喷雾防治，连续施药2次，用水量为40～50千克/亩。

玉米纹枯病发病初期，可使用24%井冈霉素水剂30～40毫升/亩进行喷雾防治，喷雾要均匀，药液重点喷施植株中下部，病情严重时，选用批准登记的高剂量。

玉米粗缩病发生前（玉米4叶期）或零星发病时，使用6%低聚糖素水剂62～83毫升/亩或2%氨基寡糖素水剂185～245毫升/亩对玉米叶片（正反面）及茎秆进行均匀喷雾施药，视发病程度间隔7～10天防治一次，连续防治2～3次。

玉米螟卵孵化盛期至低龄幼虫期可采用16000 IU/毫克苏云金杆菌可湿性粉剂50～100克/亩加细沙灌心法进行防治，可按每亩用药量加草木灰或细沙土5千克搅成毒土，每株用毒土2克左右投放到玉米心叶中；或使用10亿PIB/毫升甘蓝夜蛾核型多角体病毒悬浮剂80～100毫升/亩喷雾防治1次；在玉米螟卵孵化高峰期、玉米黏虫1～3龄盛发期采用100亿CFU/克球孢白僵菌可分散油悬浮剂600～800毫升/亩喷雾防治1次。

玉米草地贪夜蛾低龄幼虫发生初期采用100亿CFU/克球孢白僵菌可分散油悬浮剂100～150毫升/亩、32000 IU/毫克苏云金杆菌G033A可湿性粉剂150～300克/亩或15亿PIB/毫升草地贪夜蛾核型多角体病毒KYc01悬浮剂40～50毫升/亩，喷雾1次进行防治。

7 化学防治

根据病虫草害发生情况，科学选用高效、低毒、低残留的化学农药，适期规范防治。农药选择和使用按照NY/T 393《绿色食品 农药使用准则》规定执行。

7.1 玉米病害

玉米病害的化学防控一般在病害发生前或发病初期进行防治，选用低毒、低残留、高效的绿色食品生产允许使用的农药进行防治。

7.1.1 大斑病

玉米大斑病的防治应及早进行预防，对感病品种、历年发病严重地块进行重点预防。一般玉米种植田发现零星病株后（发病初期），可用药进行防治。

玉米大斑病发病前或发病初期使用25%吡唑醚菌酯悬浮剂30~50毫升/亩、30%唑醚·戊唑醇悬浮剂34~46毫升/亩、35%唑醚·氟环唑悬浮剂30~40毫升/亩、30%肟菌·戊唑醇悬浮剂36~45毫升/亩或19%丙环·嘧菌酯悬乳剂50~70毫升/亩，间隔7~10天喷雾防治一次，连续喷施2次。

7.1.2 小斑病

玉米小斑病的防治一般在发病前或发病初期用药。可使用32%戊唑·嘧菌酯悬浮剂32~42毫升/亩、30%肟菌·戊唑醇悬浮剂36~45毫升/亩或19%丙环·嘧菌酯悬乳剂50~70毫升/亩，间隔7~10天喷雾防治一次，连续喷施2次。

7.1.3 灰斑病

发病前或发病初期可使用30%肟菌·戊唑醇悬浮剂36~45毫升/亩喷雾防治1~2次，间隔7~10天喷施一次。

7.1.4 茎基腐病

玉米茎基腐病又称茎腐病或青枯病，是重要的土传病害，田间湿度大病原菌侵染率高，发病严重。玉米播种前，可选择性使用20%精甲霜灵悬浮种衣剂0.53～0.76克/千克种子、25克/升咯菌腈悬浮种衣剂1～2毫升/千克种子、35克/升精甲·咯菌腈种子处理悬浮剂1.5～2毫升/千克种子、11%精甲·咯·嘧菌悬浮种衣剂3.05～4.5毫升/千克种子、18%吡唑醚菌酯种子处理悬浮剂0.27～0.33毫升/千克种子或10%精甲·戊·嘧菌悬浮种衣剂2～3毫升/千克种子对种子进行包衣处理，可有效防治玉米茎基腐病的发生。

包衣方法：按推荐用药量，将药剂与适量清水混合均匀制成药浆，再将药浆与种子充分搅拌均匀，直到药液均匀分布到种子表面，晾干后再进行播种。

包衣处理时，所用种子应达到国家良种标准。处理过的种子播种深度以2～5厘米为宜，包衣和播种操作过程中应戴手套，穿戴防护衣物，禁止吸烟、饮食等。配制好的药液应在24小时内使用。

7.1.5 纹枯病

玉米纹枯病是一种重要的土传病害，高温高湿条件利于病害发生，玉米苗期到穗期均可发生，主要侵染玉米的叶鞘和穗部。玉米播种前，可使用8%噻呋酰胺种子处理悬浮剂1.25～2.5毫升/千克种子进行种子包衣。

7.1.6 根腐病

玉米播种后遇到降雨，造成土壤积水，易发生根腐病。根腐病是由多种病原菌（腐霉菌、镰刀菌、丝核菌）引起的，地下害虫侵害时造成根部受损，病原菌从伤口处侵入。玉米播种前可使用26%噻虫·咯·霜灵种子处理悬浮剂6～7.4毫升/千克种子进行种子包衣处理预防根腐病的发生。

7.1.7 丝黑穗病

玉米丝黑穗病属于土传病害,在玉米播种前可使用60克/升戊唑醇悬浮种衣剂1~2毫升/千克种子、0.3%苯醚甲环唑悬浮种衣剂34~40毫升/千克种子、44%氟唑环菌胺悬浮种衣剂0.3~0.9毫升/千克种子或10%精甲·戊·嘧菌种子处理悬浮剂2~3毫升/千克种子对玉米种子进行包衣处理,预防和防治玉米丝黑穗病。

7.1.8 玉米黑粉病

玉米黑粉病可在发病前或零星病害发生时进行喷雾防治,可使用40%苯醚甲环唑悬浮剂12.5~15毫升/亩连续喷雾防治2次,视病情每7~10天施一次药;也可使用44%氟唑环菌胺悬浮种衣剂按0.3~0.9毫升/千克种子进行包衣处理,预防黑粉病的发生。

7.1.9 玉米粗缩病

玉米粗缩病是由昆虫介体(灰飞虱)传毒引起的一种玉米病毒病,玉米整个生育期都可感染发病,以苗期受害最重。预防玉米粗缩病的发生可采用杀虫剂(如30%噻虫嗪种子处理悬浮剂5~6.67毫升/千克种子)进行种子包衣处理,防治灰飞虱为害,减少昆虫带毒传播,减轻粗缩病的发生。

7.2 玉米虫害

在做好田间虫害发生预报预警的基础上,在虫害发生初期及低龄幼虫期及时进行药剂防治。

7.2.1 玉米螟

玉米螟卵孵化盛期至低龄幼虫期,可使用40%辛硫磷乳油

75～100毫升/亩在玉米心叶末期拌毒沙土灌心叶，或用水稀释4000～5000倍灌心叶；也可使用200克/升氯虫苯甲酰胺悬浮剂3～5毫升/亩或40%氯虫·噻虫嗪水分散粒剂8～12克/亩进行喷雾防治1～2次。

7.2.2 黏虫

玉米播种前可使用40%溴酰·噻虫嗪种子处理悬浮剂3～6毫升/千克种子或50%氯虫苯甲酰胺种子处理悬浮剂3.8～5.3克/千克种子进行种子包衣处理。黏虫卵孵化盛期至低龄幼虫期使用200克/升氯虫苯甲酰胺悬浮剂10～15毫升/亩进行玉米茎叶喷雾防治1次。

7.2.3 草地贪夜蛾

玉米播种前，可使用40%溴酰·噻虫嗪种子处理悬浮剂3～6毫升/千克种子或48%溴氰虫酰胺种子处理悬浮剂1.2～2.4毫升/千克种子进行种子包衣处理。卵孵化盛期至低龄幼虫始盛期，可使用200克/升氯虫苯甲酰胺悬浮剂12～15毫升/亩进行玉米茎叶喷雾防治1次。

7.2.4 甜菜夜蛾

玉米播种前使用40%溴酰·噻虫嗪种子处理悬浮剂3～6毫升/千克种子或48%溴氰虫酰胺种子处理悬浮剂1.2～2.4毫升/千克种子进行种子包衣处理，可减轻玉米甜菜夜蛾的为害。

7.2.5 二点委夜蛾

玉米播种前采用40%溴酰·噻虫嗪种子处理悬浮剂3～6毫升/千克种子或48%溴氰虫酰胺种子处理悬浮剂1.2～2.4毫升/千克种子进行种子包衣处理。二点委夜蛾卵孵化盛期至低龄幼虫期使用2%甲氨基阿维菌素苯甲酸盐微乳剂25～30毫升/

亩或200克/升氯虫苯甲酰胺悬浮剂7.0～10毫升/亩进行喷雾防治。

7.2.6 灰飞虱

玉米播种前，可使用70%噻虫嗪种子处理可分散粉剂2～3克/千克种子进行拌种或使用600克/升吡虫啉悬浮种衣剂3.33～8.33克/千克种子进行种子包衣防治玉米灰飞虱。

7.2.7 蚜虫

玉米播种前，可使用46%噻虫嗪种子处理悬浮剂2～6毫升/千克种子或600克/升吡虫啉悬浮种衣剂2～6毫升/千克种子进行种子包衣处理防治玉米蚜虫。

7.2.8 蓟马

玉米播种前，可使用40%溴酰·噻虫嗪种子处理悬浮剂3～4.5毫升/千克种子拌种或使用46%噻虫嗪种子处理悬浮剂1～2毫升/千克种子进行种子包衣处理防治玉米蓟马。

7.2.9 小地老虎

防治地下害虫小地老虎可在玉米播种前使用40%溴酰·噻虫嗪种子处理悬浮剂1.5～3毫升/千克种子、48%溴氰虫酰胺种子处理悬浮剂0.6～1.2毫升/千克种子或3%辛硫磷水乳种衣剂按药种比1：(30～40)进行玉米种子包衣处理。

7.2.10 金针虫

防治玉米金针虫可使用20%噻虫嗪种子处理微囊悬浮剂7～10.5毫升/千克种子、3%辛硫磷水乳种衣剂按药种比1：(30～40)或600克/升吡虫啉悬浮种衣剂4～6毫升/千克种子进行玉米种子包衣。

7.2.11 蛴螬

防治蛴螬可使用 40% 溴酰·噻虫嗪种子处理悬浮剂 3～4.5 毫升/千克种子或 600 克/升吡虫啉悬浮种衣剂 4～6 毫升/千克种子进行玉米种子包衣处理。

7.3 玉米草害

玉米播种后杂草出苗前，如田间土壤墒情合适，无较多覆盖物，适宜采用土壤喷雾，进行"封闭"除草。可使用 960 克/升精异丙甲草胺乳油 50～85 毫升/亩或 330 克/升二甲戊灵乳油 150～300 毫升/亩进行土壤喷雾处理。

玉米出苗后如田间杂草较多，须采用茎叶喷雾处理。在玉米 3～5 叶期，杂草 3～6 叶期，可使用 75% 噻吩磺隆水分散粒剂 1.3～2.2 克/亩、288 克/升氯氟吡氧乙酸异辛酯乳油 50～70 毫升/亩、30% 二氯吡啶酸水剂 45～50 毫升/亩或 480 克/升麦草畏可溶液剂 30～40 毫升/亩进行茎叶喷雾，防除一年生阔叶杂草。也可喷施 480 克/升灭草松水剂 150～200 毫升/亩或 15% 硝磺草酮悬乳剂 50～65 毫升/亩进行茎叶喷雾防除一年生杂草。

7.4 调节玉米生长

在玉米种植过程中，施用植物生长调节剂，可以调节玉米生长发育，增加植株抗逆能力，起到提高作物产量和品质的作用。在玉米拔节初期（6～10 叶期），可使用 40% 乙烯利水剂 10～15 毫升/亩或 30% 苄氨·乙烯利水剂 15～25 毫升/亩喷雾 1 次，可降低植株高度和穗位高度，防止植株倒伏；玉米 6～7 叶期可喷施 0.004% 24-表芸薹素内酯可溶液剂 1000～2000 倍液调节作物生长，增加作物产量。在玉米苗期、拔节期、抽雄初期各喷施一次 0.1% 三十烷醇微乳剂 1000～2000 倍液可调节作物生长，增加作物产量。

7.5 化学药剂使用注意事项

进行喷雾处理时，兑水量要符合当地农业生产实际，喷雾要均匀一致，以达到药液喷到叶面湿润又刚好不滴水为宜。

施药时应避开高温、大风或雨水等天气。药液最好现用现配。在作物新品种大面积应用时，应先进行小范围的安全性试验。

附录 A 玉米主要病虫草害及其为害症状

玉米主要病虫草害及其为害症状如图所示。

玉米大斑病

玉米小斑病

玉米弯孢霉叶斑病

玉米灰斑病

玉米南方锈病

玉米褐斑病

玉米纹枯病

玉米鞘腐病

玉米茎基腐病

玉米黑粉病

玉米丝黑穗病

玉米穗腐病

玉米粗缩病

玉米矮花叶病

 亚洲玉米螟幼虫

 桃蛀螟幼虫

 棉铃虫幼虫

 黏虫幼虫

 甜菜夜蛾幼虫

 草地贪夜蛾幼虫

 金针虫幼虫

 蝼蛄

 蛴螬

地老虎	二点委夜蛾幼虫	蚜虫
稗草	马唐	牛筋草
反枝苋	藜	马齿苋

刺儿菜　　　　　　　马泡瓜　　　　　　　苘麻

附录 B　玉米主要病虫草害防治及生长调节推荐农药使用方案

可用于防治玉米病虫草害的部分药剂及其使用方法，以及用于调节玉米生长的药剂及其使用方法详见下表。

玉米主要病虫草害防治及调节生长推荐农药使用方案

防治对象	防治时期	农药名称	使用剂量	施药方法	安全间隔期（天）
大斑病	发病前或发病初期	100 亿 CFU/克枯草芽孢杆菌可湿性粉剂	50～60 克/亩	喷雾 2～3 次	
		13% 井冈霉素水剂	60～70 毫升/亩	喷雾 2 次	14
		25% 吡唑醚菌酯悬浮剂	30～50 毫升/亩	喷雾 2 次	10
		30% 唑醚·戊唑醇悬浮剂	34～46 毫升/亩	喷雾 2 次	21
		35% 唑醚·氟环唑悬浮剂	30～40 毫升/亩	喷雾 2 次	28
		30% 肟菌·戊唑醇悬浮剂	36～45 毫升/亩	喷雾 2 次	21
		19% 丙环·嘧菌酯悬乳剂	50～70 毫升/亩	喷雾 2 次	30

（续表）

防治对象	防治时期	农药名称	使用剂量	施药方法	安全间隔期（天）
小斑病	发病前或发病初期	32%戊唑·嘧菌酯悬浮剂	32～42毫升/亩	喷雾2次	21
		30%肟菌·戊唑醇悬浮剂	36～45毫升/亩	喷雾2次	21
		19%丙环·嘧菌酯悬乳剂	50～70毫升/亩	喷雾2次	30
灰斑病	发病前或发病初期	30%肟菌·戊唑醇悬浮剂	36～45毫升/亩	喷雾2次	21
茎基腐病	播种前	20%精甲霜灵悬浮种衣剂	0.53～0.76克/千克种子	种子包衣	
		25克/升咯菌腈悬浮种衣剂	1～2毫升/千克种子	种子包衣	
		35克/升精甲·咯菌腈种子处理悬浮剂	1.5～2毫升/千克种子	种子包衣	
		11%精甲·咯·嘧菌悬浮种衣剂	3.05～4.5毫升/千克种子	种子包衣	
		10%精甲·戊·嘧菌悬浮种衣剂	2～3毫升/千克种子	种子包衣	
		18%吡唑醚菌酯种子处理悬浮剂	0.27～0.33毫升/千克种子	种子包衣	

(续表)

防治对象	防治时期	农药名称	使用剂量	施药方法	安全间隔期（天）
纹枯病	发病初期	24%井冈霉素水剂	30～40毫升/亩	喷雾2次	7
纹枯病	播种前	8%噻呋酰胺种子处理悬浮剂	1.25～2.5毫升/千克种子	种子包衣	
根腐病	播种前	26%噻虫·咯·霜灵种子处理悬浮剂	6～7.4毫升/千克种子	种子包衣	
丝黑穗病	播种前	60克/升戊唑醇悬浮种衣剂	1～2毫升/千克种子	种子包衣	
丝黑穗病	播种前	0.3%苯醚甲环唑悬浮种衣剂	34～40毫升/千克种子	种子包衣	
丝黑穗病	播种前	44%氟唑环菌胺悬浮种衣剂	0.3～0.9毫升/千克种子	种子包衣	
丝黑穗病	播种前	10%精甲·戊·嘧菌种子处理悬浮剂	2～3毫升/千克种子	种子包衣	
黑粉病	发病初期	40%苯醚甲环唑悬浮剂	12.5～15毫升/亩	喷雾2次	21
黑粉病	播种前	44%氟唑环菌胺悬浮种衣剂	0.3～0.9毫升/千克种子	种子包衣	

（续表）

防治对象	防治时期	农药名称	使用剂量	施药方法	安全间隔期（天）
粗缩病	发病前或发病初期	2%氨基寡糖素水剂	185～245毫升/亩	喷雾2～3次	
		6%低聚糖素水剂	62～83毫升/亩	喷雾2～3次	
	播种前	30%噻虫嗪种子处理悬浮剂	5～6.67毫升/千克种子	种子包衣	
玉米螟	卵孵化盛期至低龄幼虫期	16000 IU/毫克苏云金杆菌可湿性粉剂	50～100克/亩	加细沙灌心	5
		10亿PIB/毫升甘蓝夜蛾核型多角体病毒悬浮剂	80～100毫升/亩	喷雾1次	
		100亿CFU/克球孢白僵菌可分散油悬浮剂	600～800毫升/亩	喷雾1次	
		10000头/袋松毛虫赤眼蜂杀虫卵袋	2～3袋/亩	挂放蜂袋	
		40%辛硫磷乳油	75～100毫升/亩	灌心叶1次	7
		200克/升氯虫苯甲酰胺悬浮剂	3～5毫升/亩	喷雾1次	21
		40%氯虫·噻虫嗪水分散粒剂	8～12克/亩	喷雾1～2次	14
草地贪夜蛾	卵孵化盛期至低龄幼虫期	100亿CFU/克球孢白僵菌可分散油悬浮剂	100～150毫升/亩	喷雾1次	

（续表）

防治对象	防治时期	农药名称	使用剂量	施药方法	安全间隔期（天）
草地贪夜蛾	卵孵化盛期至低龄幼虫期	32000 IU/毫克苏云金杆菌G033A可湿性粉剂	150～300克/亩	喷雾1次	
		100亿CFU/毫升金龟子绿僵菌油悬浮剂	100～150毫升/亩	喷雾1～2次	
		15亿PIB/毫升草地贪夜蛾核型多角体病毒KYc01悬浮剂	40～50毫升/亩	喷雾1次	
		200克/升氯虫苯甲酰胺悬浮剂	12～15毫升/亩	喷雾1次	21
	播种前	40%溴酰·噻虫嗪种子处理悬浮剂	3～6毫升/千克种子	种子包衣	
		48%溴氰虫酰胺种子处理悬浮剂	1.2～2.4毫升/千克种子	种子包衣	
甜菜夜蛾	播种前	40%溴酰·噻虫嗪种子处理悬浮剂	3～6毫升/千克种子	种子包衣	
		48%溴氰虫酰胺种子处理悬浮剂	1.2～2.4毫升/千克种子	种子包衣	

（续表）

防治对象	防治时期	农药名称	使用剂量	施药方法	安全间隔期（天）
黏虫	播种前	40%溴酰·噻虫嗪种子处理悬浮剂	3~6毫升/千克种子	种子包衣	
		50%氯虫苯甲酰胺种子处理悬浮剂	3.8~5.3克/千克种子	拌种	
	卵孵化盛期至低龄幼虫期	200克/升氯虫苯甲酰胺悬浮剂	10~15毫升/亩	喷雾1次	21
		100亿CFU/克球孢白僵菌可分散油悬浮剂	600~800毫升/亩	喷雾1次	
二点委夜蛾	卵孵化盛期至低龄幼虫	2%甲氨基阿维菌素苯甲酸盐微乳剂	25~30毫升/亩	喷雾	14
		200克/升氯虫苯甲酰胺悬浮剂	7.0~10毫升/亩	喷雾	21
	播种前	40%溴酰·噻虫嗪种子处理悬浮剂	3~6毫升/千克种子	种子包衣	
		48%溴氰虫酰胺种子处理悬浮剂	1.2~2.4毫升/千克种子	种子包衣	
蓟马	播种前	40%溴酰·噻虫嗪种子处理悬浮剂	3~4.5毫升/千克种子	拌种	
		46%噻虫嗪种子处理悬浮剂	1~2毫升/千克种子	种子包衣	

（续表）

防治对象	防治时期	农药名称	使用剂量	施药方法	安全间隔期（天）
蚜虫	播种前	46%噻虫嗪种子处理悬浮剂	2～6毫升/千克种子	种子包衣	
		600克/升吡虫啉悬浮种衣剂	2～6毫升/千克种子	种子包衣	
灰飞虱	播种前	70%噻虫嗪种子处理可分散粉剂	2～3克/千克种子	拌种	
		600克/升吡虫啉悬浮种衣剂	3.33～8.33克/千克种子	种子包衣	
蛴螬	播种前	600克/升吡虫啉悬浮种衣剂	4～6毫升/千克种子	种子包衣	
		40%溴酰·噻虫嗪种子处理悬浮剂	3～4.5毫升/千克种子	拌种	
金针虫	播种前	20%噻虫嗪种子处理微囊悬浮剂	7～10.5毫升/千克种子	种子包衣	
		3%辛硫磷水乳种衣剂	药种比1：（30～40）	种子包衣	
		600克/升吡虫啉悬浮种衣剂	4～6毫升/千克种子	种子包衣	
小地老虎	播种前	40%溴酰·噻虫嗪种子处理悬浮剂	1.5～3毫升/千克种子	拌种	

（续表）

防治对象	防治时期	农药名称	使用剂量	施药方法	安全间隔期（天）
小地老虎	播种前	48%溴氰虫酰胺种子处理悬浮剂	0.6~1.2毫升/千克种子	种子包衣	
		3%辛硫磷水乳种衣剂	药种比1:（30~40）	种子包衣	
一年生禾本科杂草及部分阔叶杂草	播后苗前	330克/升二甲戊灵乳油	150~300毫升/亩	土壤喷雾	
		960克/升精异丙甲草胺乳油	50~85毫升/亩	土壤喷雾	
一年生阔叶杂草	播后苗前或杂草2~4叶期	75%噻吩磺隆水分散粒剂	1.3~2.2克/亩	土壤或茎叶喷雾	
	玉米3~5叶期，杂草3~6叶期	288克/升氯氟吡氧乙酸异辛酯乳油	50~70毫升/亩	茎叶喷雾	
		30%二氯吡啶酸水剂	45~50毫升/亩	茎叶喷雾	
		480克/升麦草畏可溶液剂	30~40毫升/亩	茎叶喷雾	
一年生杂草	玉米3~5叶期，杂草3~6叶期	480克/升灭草松水剂	150~200毫升/亩	茎叶喷雾	
		15%硝磺草酮悬乳剂	50~65毫升/亩	茎叶喷雾	

（续表）

防治对象	防治时期	农药名称	使用剂量	施药方法	安全间隔期（天）
调节生长	6～10叶期	30%苄氨·乙烯利水剂	15～25毫升/亩	喷雾1次	
		40%乙烯利水剂	10～15毫升/亩	喷雾1次	
	6～7叶期	0.004% 24-表芸薹素内酯可溶液剂	1000～2000倍液	喷雾1次	
	苗期、拔节期、抽雄初期	0.1%三十烷醇微乳剂	1000～2000倍液	喷雾3次	

注：农药使用以最新版本 NY/T 393《绿色食品 农药使用准则》的规定和农药登记信息为准。